高等院校规划教材

PUTONG GAODENG YUANXIAO JISUANJI JICHU JIAOYU XILIE JIAOCAI

普通高等院校计算机基础教育系列教材

总主编 曾 一 邹显春

Visual FoxPro 程序设计实践教程（第二版）

Visual FoxPro CHENGXU SHEJI SHIJIAN JIAOCHENG

主 编 邹显春 李盛瑜 周 雄

副主编 代秀娟 张小莉 周建丽

编 者（按姓氏笔画排序）

丁明勇 张令信 王莉莉 甘利杰 代秀娟

李运刚 李盛瑜 祁媛媛 张小莉 陈 伟

邹显春 杨雪涛 周建丽 周 雄 贺清碧

重庆大学出版社

内容提要

本书是重庆大学出版社出版的《Visual FoxPro程序设计教程(第二版)》配套的实践教程。全书共分两大部分,第1部分是实验任务,依据《Visual FoxPro程序设计教程(第二版)》各章的知识体系和各实验的主要目的,精心设计了包括验证性或设计性的实验项目,确保读者在实践和应用的体验中由浅入深、循序渐进地掌握课程知识体系和应用技能,培养读者举一反三的思考问题、解决问题的能力;每个实验的课后习题所体现的知识点与配套主教材相匹配,题型与计算机等级考试题型一致,便于读者巩固和拓展知识。第2部分是模拟题,主要包括笔试模拟题和上机模拟题,与重庆市计算机等级题型相似,可为参加重庆市计算机等级考试的读者提供应试指导。因此,本书既是一本实验指导书,又是一本计算机等级考试指导书。

图书在版编目(CIP)数据

Visual FoxPro程序设计教程/邹显春,李盛瑜,周雄主编.—2版.—重庆:重庆大学出版社,2015.8(2020.8重印)
普通高等院校计算机基础系列教材
ISBN 978-7-5624-9419-5

Ⅰ.①V… Ⅱ.①邹… ②李… ③周… Ⅲ.①关系数据库系统—程序设计—高等学校—教材 Ⅳ.①TP311.138

中国版本图书馆CIP数据核字(2015)第194683号

高等院校规划教材
普通高等院校计算机基础教育系列教材
Visual FoxPro程序设计实践教程(第二版)
总主编 曾 一 邹显春
主 编 邹显春 李盛瑜 周 雄
副主编 代秀娟 张小莉 周建丽
策划编辑:王海琼
责任编辑:王海琼 版式设计:王海琼
责任校对:张红梅 责任印制:赵 晟
*
重庆大学出版社出版发行
出版人:饶帮华
社址:重庆市沙坪坝区大学城西路21号
邮编:401331
电话:(023) 88617190 88617185(中小学)
传真:(023) 88617186 88617166
网址:http://www.cqup.com.cn
邮箱:fxk@cqup.com.cn (营销中心)
全国新华书店经销
POD:重庆新生代彩印技术有限公司
*
开本:787mm×1092mm 1/16 印张:11.5 字数:273千
2015年8月第2版 2020年8月第10次印刷
ISBN 978-7-5624-9419-5 定价:32.00元

编审委员会

序言

以云计算、物联网、下一代互联网、下一代移动通信技术为代表的新一轮信息技术革命,正在成为全球社会经济发展共同关注的重点,信息技术的创新不断催生出新技术、新产品和新应用,由信息技术引发的新兴产业形态群体正逐渐形成并逐步壮大,这将给各行各业带来更广阔的发展空间,无论是现代社会的经济运行方式、企业经营管理,或是政府运转、社会建设和管理,或是高等学校的管理模式、教学模式都将面临时代革命的挑战。

高等学校作为人才培养的重要基地,理应顺应新技术革命的要求,着力改变传统的思维模式,更新教育观念、教学内容、教学手段和教学方法,着力构建学生的个性学习、终身学习能力,培养学生"面向应用、面向职业需求"的信息化素养和技能,以增强大学生就业的竞争能力和信息化时代的生存能力。特别是21世纪计算机技术已经由专业技术发展成为通用技术,深入到社会生活的方方面面。高校计算机基础教育在很大程度上决定着学生在现代信息社会里对计算机的认知能力和应用信息化技术解决自身领域问题的能力,也直接影响学生在职业生涯中依托信息技术的协同创新能力和基于网络的学习能力。

中国高校的计算机基础教育经历了将近30年的不断发展,已从初级阶段逐步走向成熟,形成了具有鲜明中国特色的计算机基础教育的专业化教学研究队伍和日趋完善的计算机基础教育课程体系。随着新技术的迅猛发展以及国家中长期教育改革和发展规划纲要(2010—2020年)的颁布与实施,"多元化、模块化、融合化、网络化"已成为计算机基础教学的发展趋势。这就决定了高校计算机基础教育务必顺应时代的发展要求,更新教学理念,完善课程内容,借助信息技术手段加强实践教学,培养学生自主学习能力,强化学习过程、拓展考核方式,以确保高校计算机基础教学能够有效地提升学生信息素养、促进学生专业发展、培养学生实践能力。

回顾重庆市高校计算机基础教学改革之路,我市各高校按照教育部教学指导委员会的要求,结合各高校实际,在计算机基础教育的课程体系、教学手段、教学方法等方面的改革进行了有益的探索和实践,对提高计算机基础课程教学质量、提升人才培养质量发挥了重要的作用。

为顺应重庆市计算机基础课程教学改革的需要,重庆大学出版社自1996年以来一直致力于重庆市高校计算机基础教育课程教材建设,于1996年、2000年、2006年先后3次组织重庆市各高校长期在一线从事计算机基础课教学的教师编写了计算机基础教育课程系列教材,为有效推动重庆市计算机基础课程教学改革提供了有力的保障。

为适应社会信息化进程对深化重庆市高校计算机基础教育课程教学改革的挑战,构建面向专业需求、面向学生自主创新应用为核心的多元课程体系,更好地为不同层次、不同类型高校的计算机基础教育课程新一轮教学改革保驾护航，我们将确保重庆市计算机基础教育课程教材建设的可持续性、先进性、针对性、系统性、实用性。为此，从2011年开始，重庆大学出版社与重庆计算机学会计算机基础教育专业委员会合作，以深化重庆市高校计算机基础教育课程教学改革为依据，以满足多元需求为出发点，组织编写出版"重庆市高等院校计算机基础教育系列教材"。

为完成这套教材的编写任务，重庆计算机学会计算机基础教育专业委员会成立了编审委员会。编审委员会在重庆市各高校中精心挑选了一批长期从事计算机基础课教学的一线优秀教师组成编写队伍，他们在长期的计算机基础课程教学改革实践中锤炼了较强的教学研究能力、积累了丰富的教学经验，对教学改革实践也有很深的体会。我们深信编者将借助丰富的教材编写经验，把多年来计算机基础课程教学改革的精髓融汇到教材之中，为读者奉献一套"体系新颖、内容前瞻、突出实用、面向需求"的教材，期待系列教材能够成为践行先进教学理念的生动范例。

我们深信，这套教材的出版，将有效地深化重庆市高校计算机基础教育课程教学改革与实践，在教学观念、教学方法上，逐步形成具有重庆高校特色的计算机基础教学改革模式。

期待重庆市高校新一轮计算机基础教学改革的春风迸发出更多更新的成果。

编审委员会

2012年3月于重庆

前 言

为使读者更好地理解和掌握数据库的基本知识和Visual FoxPro面向对象程序设计的思想、方法、技术以及利用Visual FoxPro设计与实现信息系统的基本过程和方法，我们组织编写了《Visual FoxPro程序设计实践教程(第二版)》。该书是邹显春、李盛瑜等主编，由重庆大学出版社出版的《Visual FoxPro程序设计教程(第二版)》配套的实践教程，是长期从事Visual FoxPro程序设计教学的一线教师依据课程教学和实验的特点，遵循应用性、趣味性和实用性原则而编写。

本书分为两大部分，第1部分是实验任务，第2部分是模拟题。其中，第1部分共7章，依据《Visual FoxPro程序设计教程(第二版)》各章的知识体系设计了数量不等的实验，每个实验包括实验目的、实验任务、课后习题。其中，实验任务是依据各实验的主要目标，精心设计了包括验证性或设计性的实验项目，确保读者在实践和应用的体验中由浅入深、循序渐进地掌握课程知识体系和应用技能，培养读者举一反三的思考问题、解决问题的能力；课后习题所体现的知识点与配套主教材相匹配，题型与计算机等级考试题型一致，便于读者巩固和拓展知识，利于读者将课程学习实践与准备计算机等级考试相结合，提高学习效率和品质。与此同时，在关键实验任务增加了少而精、针对性强的“提示”，同时，在实验任务中设计了适量的“提示”，不仅帮助读者更好地完成实验任务，而且能够让读者明晰实验任务要掌握的重要或关键知识点，做到在实践中理解和掌握知识。第2部分模拟题共2章，包括笔试模拟题和上机模拟题，与重庆市计算机等级题型相似，希望为参加重庆市计算机等级考试的读者提供复习参考。

参加本书编写的有西南大学邹显春、李运刚，重庆工商大学李盛瑜、张小莉、代秀娟、祁媛媛、陈伟、丁明勇、杨雪涛，重庆工商大学融智学院周雄、王莉莉，重庆交通大学周建丽、贺清碧，重庆工商大学派斯学院甘利杰、孔令信。本书由邹显春、周雄、李盛瑜、代秀娟、张小莉、周建丽等统稿。

本书在形成和撰写过程中，得到了重庆大学出版社的鼎力帮助和支持；本书的出版，得益于重庆市教学改革项目、西南大学教学改革项目及重庆工商大学教学的改革项目的支持，在此表示衷心的感谢。

由于作者水平有限，编写时间仓促，书中难免有不足之处，请读者不吝赐教。

编　者

2015年5月于西南大学

目录

第1部分　实验任务

第1章　Visual FoxPro 的语言基础

实验1　VFP 环境设置

1. 实验目的

- 掌握 VFP 启动、退出的操作方式。
- 掌握 VFP 系统工作环境的设置方法。
- 掌握表单的建立、修改及运行方法。
- 掌握表单属性框的使用方法。
- 掌握标签、文本框、命令按钮的使用。
- 学会运用表单完成面向对象的程序设计。
- 体会面向对象的程序设计方法。

2. 实验任务

【任务1】VFP 的启动与退出

(1)启动 VFP。

(2)退出 VFP,返回 Windows 操作系统。

【任务2】VFP 系统工作环境的设置

(1)了解 VFP 的主界面。

①观察 VFP 的主界面,如标题栏、菜单栏、常用工具栏、状态栏和命令窗口等。

②命令窗口的显示与隐藏。

(2)了解设置 VFP 的配置环境,定制自己的使用环境。

①设置默认路径。在 E 盘创建子文件夹:ex1 - 1,并将该文件夹设置为默认路径。

②设置日期和时间的显示方式。

☞ 提示:选择菜单栏中的“工具”→“选项”,打开“选项”对话框;选择“区域”选项卡,设置日期和时间的显示方式。

【任务 3】设计表单程序

(1)设计如图 1-1-1 所示表单,文件名为:BD1 - 1. scx。表单运行后,在两个文本框中分别输入一个数,单击“平均数 =”按钮,在文本框 Text3 中显示两个数的平均数;双击表单空白处,可以关闭表单。

☞ 提示:文本框 Text1、Text2 的 Value 属性值设置为 0。

(2)设计如图 1-1-2 所示表单,文件名为:BD1 - 2. scx。表单运行后,在文本框中输入 x 的值(可以输入 1 位小数),单击“计算”按钮,在文本框 Text2 中输出函数值 y,其中 y = 2x + 3。

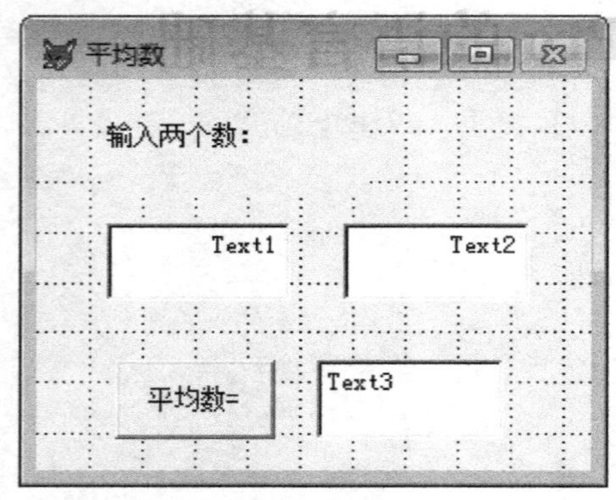

图 1-1-1　设计界面

图 1-1-2　设计界面

☞ 提示:文本框 Text1 的 Value 属性值设置为 0.0。

(3)设计如图 1-1-3 所示表单,文件名为:BD1 - 3. scx。单击“黑体”“楷体”“隶书”按钮,标签文本即变成相应的字体;单击“关闭”按钮关闭表单。

图 1-1-3　设计界面

☞ 提示 1:标签 Label1 的 FontSize 属性值根据需要自己设定。

ꕤ 提示2:标签 Label1 的显示文本自己设定。

ꕤ 提示3:"黑体"按钮的 Click 事件代码:Thisform. label1. fontname ="黑体"。

3. 习题

1)选择题

(1)VFP 6.0 是一个(　　　　)位数据库开发系统。

A)128　　B)16　　C)32　　D)64

(2)退出 VFP 6.0 的操作方法是(　　　　)。

A)从"文件"下拉菜单中选择"退出"选项

B)用鼠标单击关闭窗口按钮

C)在命令窗口输入 QUIT 命令,按回车键

D)以上方法都可以

(3)显示与隐藏命令窗口的操作是(　　　　)。

A)单击"常用"工具栏上的"命令窗口"按钮

B)通过"窗口"菜单下的"命令窗口"选项来切换

C)直接按"Ctrl + F2"快捷键显示或按"Ctrl + F4"快捷键隐藏

D)以上方法都可以

(4)退出 VFP 返回到操作系统下的命令是(　　　　)。

A)EXIT　　B)RETURN　　C)QUIT　　D)BACK

(5)设置 VFP 默认工作目录可以使用以下哪个菜单?(　　　　)

A)文件　　B)编辑　　C)显示　　D)工具

(6)VFP 设置默认目录的命令是(　　　　)。

A)SET DEFAULT TO <路径>　　B)SET RELATION TO <默认目录>

C)SET DATE TO <路径>　　D)SET DELETED　TO <默认目录>

(7)控件有自己的属性、方法和(　　　　)。

A)图形　　B)事件　　C)容器　　D)形状

(8)在 VFP 的可视化程序设计中,程序代码写在(　　　　)。

A)文本框中　　B)标签上

C)控件的相应事件中　　D)不用写程序代码

(9)如果要改变表单的标题,需要设置表单对象的(　　　　)属性。

A)Name　　B)Caption　　C)BackColor　　D)BorderStyle

(10)对于表单及控件的绝大多数属性,其数据类型通常是固定的,如 Caption 属性接收(　　　　)数据。

A)数值型　　B)逻辑型　　C)字符型　　D)任意类型

(11)下列关于标签(Label)控件和其属性的说法中,错误的是(　　　　)。

A)对于标签控件,按下相应的访问键,将激活该控件,使该控件获得焦点

B)在同一作用域内两个对象可以有相同的 Caption 属性值,但不能有相同的 Name 属性值

C)用户在表单或控件对象中,可以分别重新设置 Name 属性值和 Caption 属性值

D)在设计代码时,应用 Name 属性值而不能用 Caption 属性值来引用对象

(12)用鼠标双击对象时引发的是(　　　　)事件。

A)DbClick　　B)Click　　C)RightClick　　D)GotFocus

(13)表单 Form1 中有一个"确定"命令按钮 Command1。当单击该命令按钮时,要求将其上显示的文本改为"黑体",正确的命令是(　　　　)。

A)Form1. Command1. Caption ="黑体"

B)Thisform. Command1. Caption ="黑体"

C)This. Fontname ="黑体"

D)Thisform. Fontname ="黑体"

(14)在 VFP 中,建立表单时建立了扩展名分别为(　　　　)的文件。

A). dbc 和. dcx　　B). sct 和. scx　　C). dbf 和. fpt　　D). dbf 和. cdx

(15)要运行表单文件 MYFORM. SCX,下列命令正确的是(　　　　)。

A)DO MYFORM. SCX　　B)DO FORM MYFORM

C)RUN MYFORM. SCX　　D)RUN FORM MYFORM

2)填空题

(1)在 VFP 中设置默认工作目录的命令是________。

(2)在 VFP 窗口中,用于接收用户输入命令的窗口是________。

(3)表单文件的扩展名是________。

(4)运行表单的 VFP 命令是________。

(5)在表单设计中常用于接受用户输入数据的文本框属性是________。

(6)在表单设计中常用于显示信息的标签控件属性是________。

实验 2　常量、变量、运算符和表达式

1. 实验目的

- 认识常量,了解不同类型常量的表示方法。
- 认识变量,掌握变量的基本操作。
- 初步掌握 VFP 运算符和表达式的书写规则。

2. 实验任务

在 E 盘创建子文件夹:ex1 -2,并将该文件夹设置为默认路径。

【任务 1】认识各种类型的常量和变量

(1)设计如图 1-2-1(a)所示表单,文件名为:BD2 -1. scx,"输出"命令按钮的 Click 事件代码如下:

```
x1 =100
x2 ="大家好"
x3 ={^2015 -03 -10}
```

```
x4 = .t.
x5 = $ 123.5
x6 = {^2015 - 03 - 10 11:25:45}
thisform.text1.value = x1
thisform.text2.value = x2
thisform.text3.value = x3
thisform.text4.value = x4
thisform.text5.value = x5
thisform.text6.value = x6
```

运行表单后单击"输出"按钮,如图 1-2-1(b)所示。

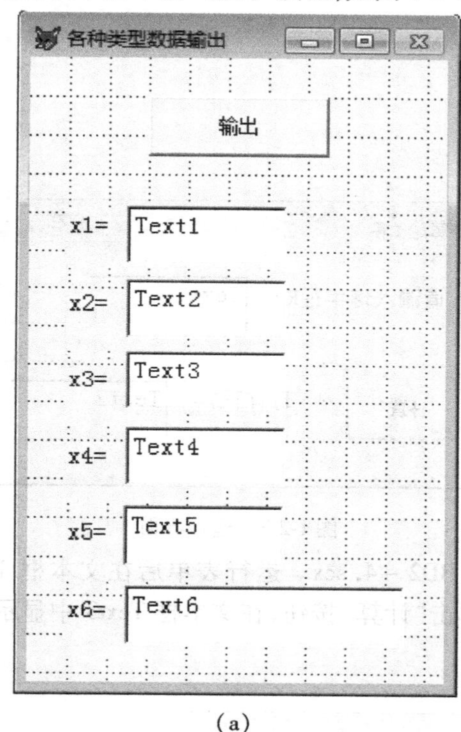

(a)

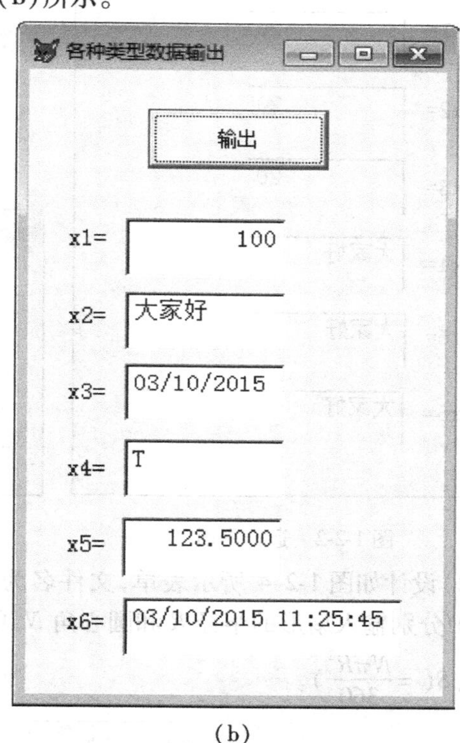

(b)

图 1-2-1 表单设计及运行界面

☞ 提示:观察 6 种类型的数据(N,C,D,L,Y,T)在文本框中如何显示。

(2)打开表单 BD2 - 1.scx,另存为 BD2 - 2.scx,改变表单标题如图 1-2-2 所示,追加如下代码到"输出"命令按钮的 Click 事件代码之后:

```
store 20 to thisform.text1.value,thisform.text2.value,thisform.text3.value
store "大家好" to x4,x5,x6
thisform.text4.value = x4
thisform.text5.value = x5
thisform.text6.value = x6
```

运行表单后单击"输出"按钮,如图 1-2-2 所示。

☞ 提示 1:观察两种赋值语句的用法。

☞ 提示 2:变量多次赋值后,该变量的值是什么?

【任务 2】算术表达式的使用

(1)设计如图 1-2-3 所示表单,文件名为:BD2 - 3. scx。运行表单后在文本框 Text1 中输入球的半径 R,单击"计算"按钮,在文本框 Text2 中显示球的体积 $V(=\frac{4}{3}\pi R^3)$。

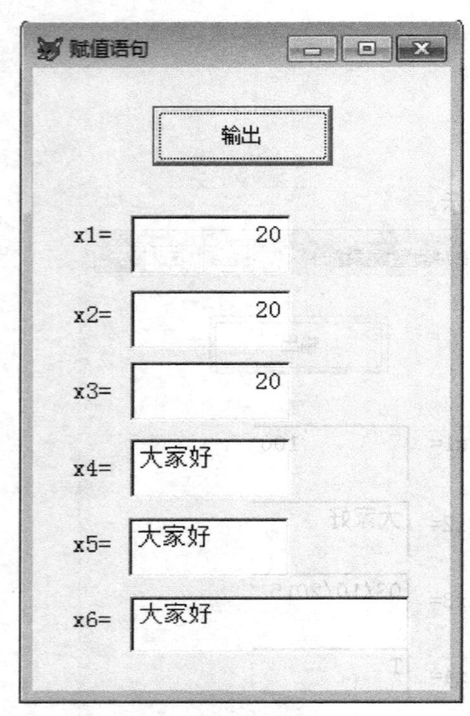

图 1-2-2 运行界面

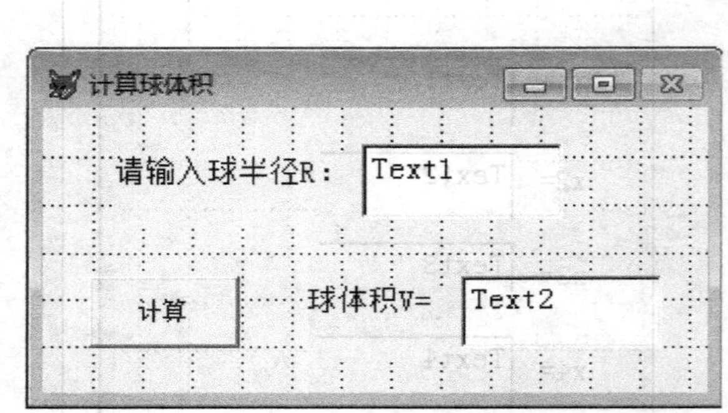

图 1-2-3 运行界面

(2)设计如图 1-2-4 所示表单,文件名为:BD2 - 4. scx。运行表单后在文本框 Text1、Text2 中分别输入扇形的半径 R 和圆心角 N,单击"计算"按钮,在文本框 Text3 中显示扇形的面积 $S(=\frac{N\pi R^2}{360})$。

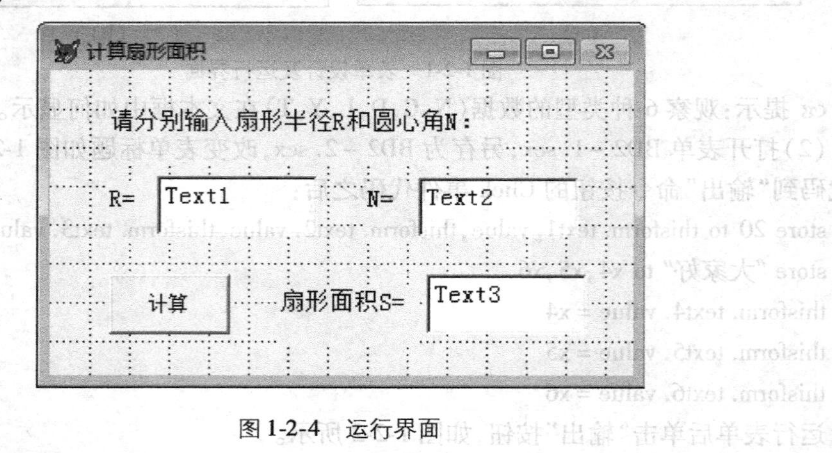

图 1-2-4 运行界面

【任务 3】字符表达式的使用

(1)设计如图1-2-5所示表单,文件名为:BD2－5.scx。“连接”命令按钮的Click事件代码如下:

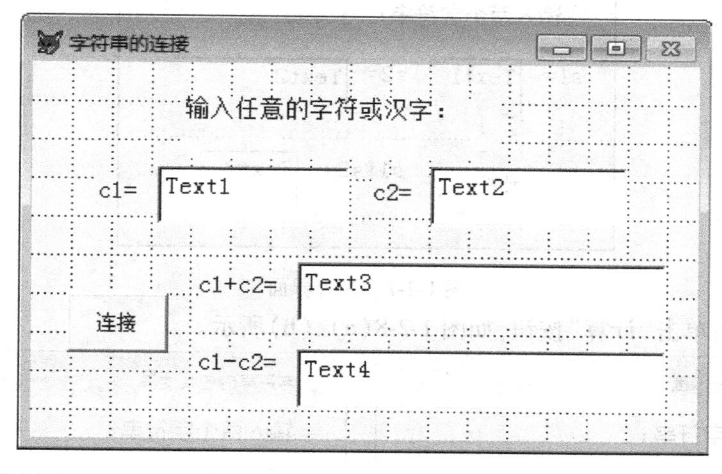

图1-2-5　设计界面

```
c1 = thisform.text1.value
c2 = thisform.text2.value
thisform.text3.value = c1 + c2
thisform.text4.value = c1 - c2
```

运行表单后单击“连接”按钮,如图1-2-6所示。

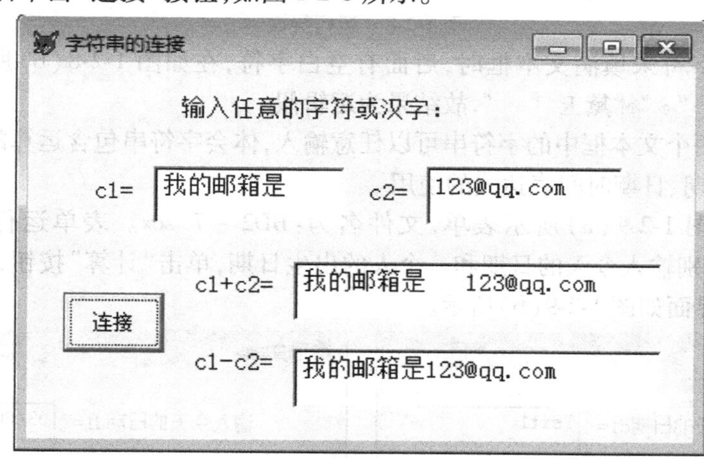

图1-2-6　运行界面

☞ 提示1:文本框Text1、Text2中的字符串是根据读者的喜好任意输入的。

☞ 提示2:观察文本框Text3、Text4的运行结果中空格的位置。

(2)设计如图1-2-7所示表单,文件名为:BD2－6.scx。“计算”命令按钮的Click事件代码如下:

```
s1 = thisform.text1.value
s2 = thisform.text2.value
thisform.text3.value = s1$s2
```

图 1-2-7　设计界面

运行表单后单击“计算”按钮,如图 1-2-8(a)、(b)所示。

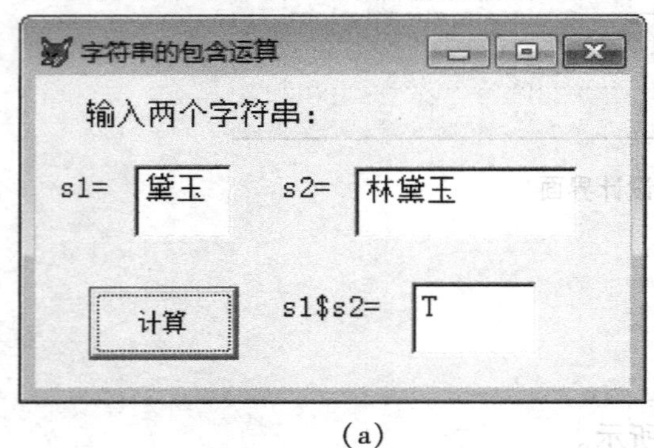

(a)

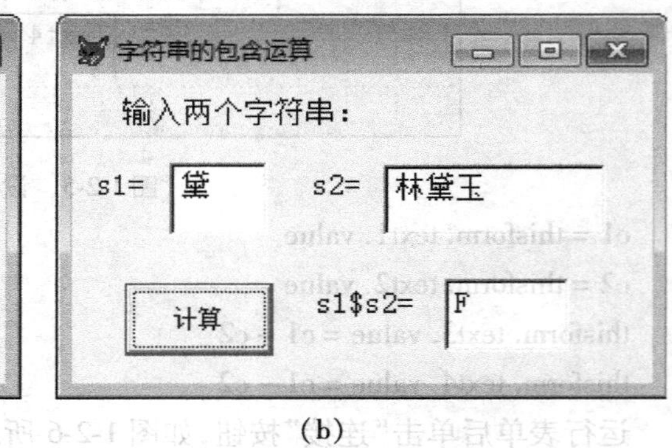

(b)

图 1-2-8　运行界面

ↂ 提示 1:字符未填满文本框时,后面有空白字符,在如图 1-2-8(b)所示的界面中,s1$s2相当于"黛　　"$"林黛玉　　　",故结果为逻辑假。

ↂ 提示 2:两个文本框中的字符串可以任意输入,体会字符串包含运算的结果。

【任务 4】日期、日期时间表达式的使用

(1)设计如图 1-2-9(a)所示表单,文件名为:BD2－7.scx。表单运行后,在文本框 Text1、Text2 中分别输入今天的日期和一个人的出生日期,单击“计算”按钮,可以计算一个人的年龄,运行界面如图 1-2-9(b)所示。

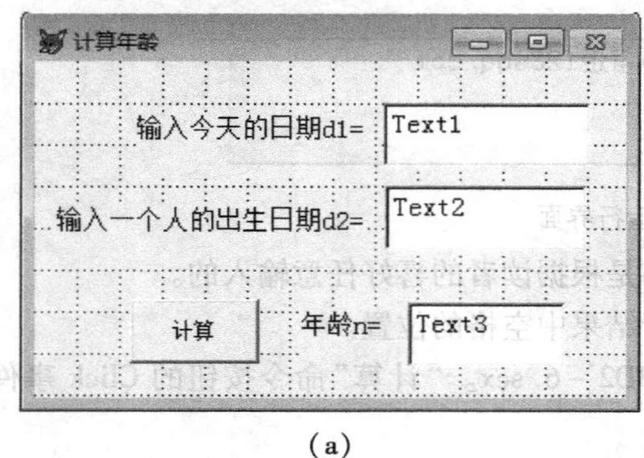

(a)

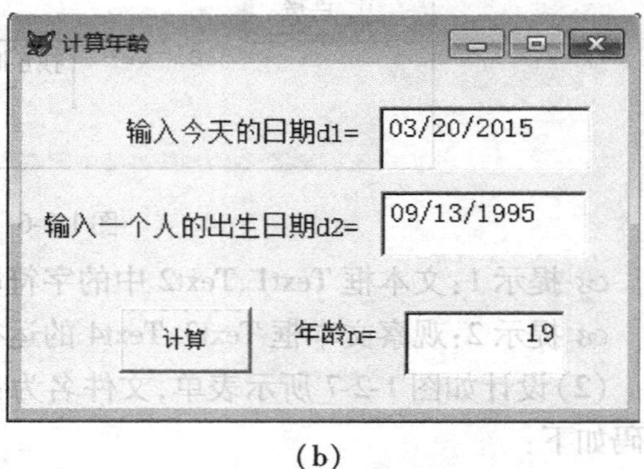

(b)

图 1-2-9　表单设计及运行界面

ↂ 提示 1:将文本框 Text1、Text2 设置为可以接收的日期型数据。

ↂ 提示 2:两个日期相减的结果为天数,除以 365 即为年龄。

(2)设计如图1-2-10(a)所示的表单,文件名为:BD2－8.scx。表单运行后,在文本框Text1、Text2中分别输入两个日期时间,单击“计算”按钮,可以计算两个日期时间相差多少小时,运行界面如图1-2-10(b)所示。

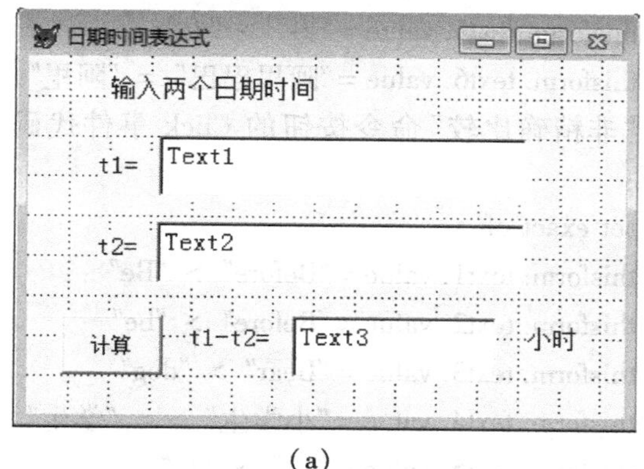

(a)

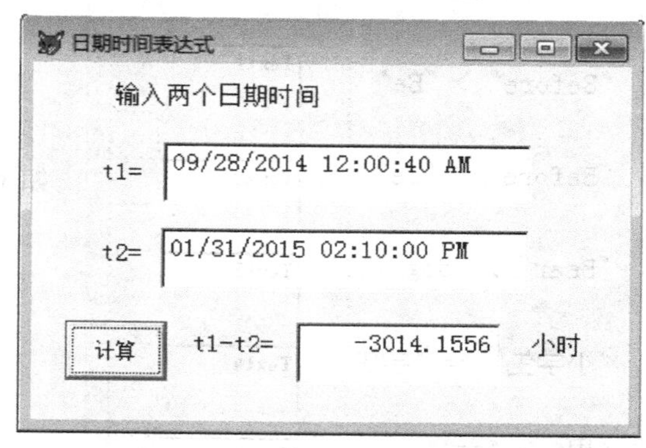

(b)

图1-2-10　表单设计及运行界面

☞ 提示1:将文本框Text1、Text2的Value属性设置为任一日期的时间型常量。

☞ 提示2:两个日期时间相减的结果为秒数,除以3 600即为小时。

【任务5】关系表达式的使用

(1)设计如图1-2-11所示表单,文件名为:BD2－9.scx,“结果＝”命令按钮的Click事件代码如下:

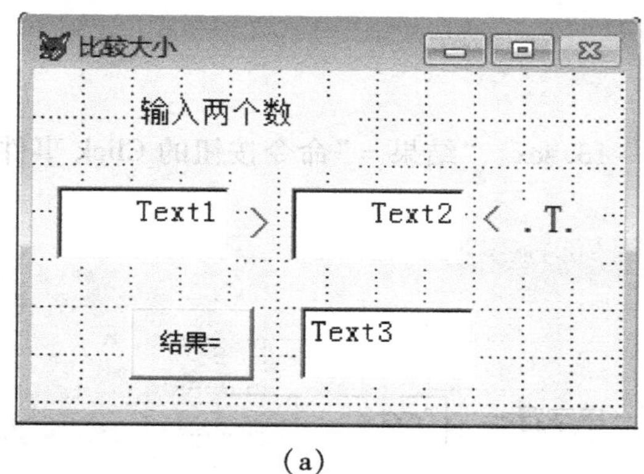

(a)

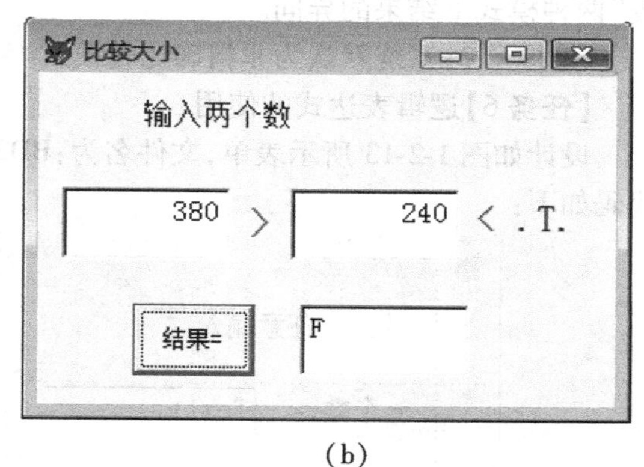

(b)

图1-2-11　表单设计及运行界面

```
a = thisform.text1.value
b = thisform.text2.value
t = a > b < .t.
thisform.text3.value = t
```

☞ 提示:关系表达式是按从左到右的顺序执行,关系运算符两边必须是同种类型的数据。

(2)设计如图1-2-12所示表单,文件名为:BD2－10.scx。“精确比较”命令按钮的Click事件代码如下:

```
set exact on
thisform.text1.value ="Before" > "Be"
```

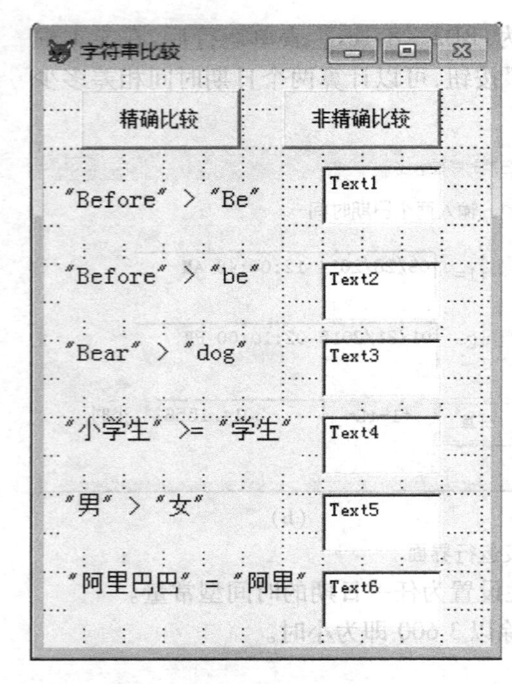

图 1-2-12　设计界面

```
thisform.text2.value = "Before" > "be"
thisform.text3.value = "Bear" > "dog"
thisform.text4.value = "小学生" > = "学生"
thisform.text5.value = "男" > "女"
thisform.text6.value = "阿里巴巴" = "阿里"
```

"非精确比较"命令按钮的 Click 事件代码如下：

```
set exact off
thisform.text1.value = "Before" > "Be"
thisform.text2.value = "Before" > "be"
thisform.text3.value = "Bear" > "dog"
thisform.text4.value = "小学生" > = "学生"
thisform.text5.value = "男" > "女"
thisform.text6.value = "阿里巴巴" = "阿里"
```

运行表单后，单击"精确比较"按钮和单击"非精确比较"按钮，比较运行结果。

ↄs 提示 1：观察运行结果，理解各类字符数据的比较规则，比较在"精确比较"和"非精确比较"两种模式下结果的异同。

ↄs 提示 2：系统默认为非精确比较模式。

【任务 6】逻辑表达式的使用

设计如图 1-2-13 所示表单，文件名为：BD2 - 13.scx。"结果 = "命令按钮的 Click 事件代码如下：

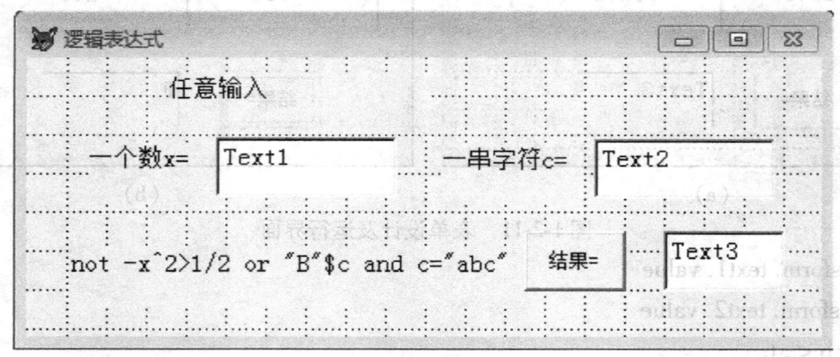

图 1-2-13　表单设计界面

```
X = thisform.text1.value
C = thisform.text2.value
thisform.text3.value = not  - x^ 2 > 1/2 or "B" $ c and c = "abc"
```

运行表单后单击"结果 = "按钮，运行结果如图 1-2-14 所示。

ↄs 提示：逻辑运算符的优先顺序为 not，and，or。

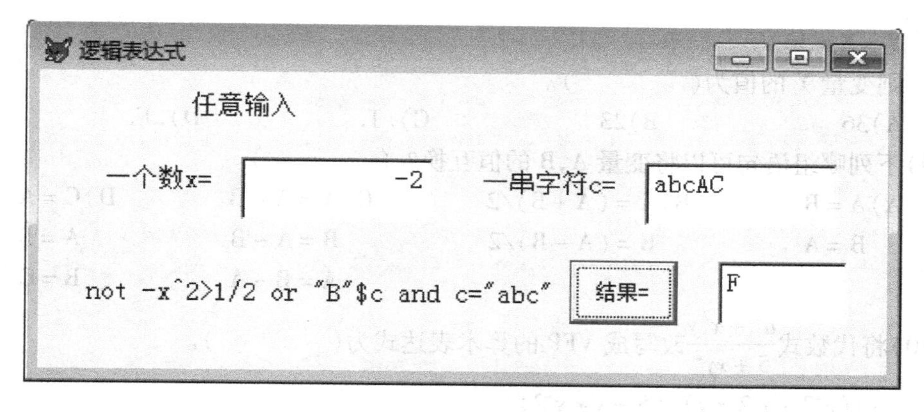

图 1-2-14　表单运行界面

3. 习题

1)选择题

(1)以下数据是常量的有(　　　　)。

A)F　　B).F.　　C)[F]　　D){F}

(2)下列字符型常量的表示中,错误的是(　　　　)。

A)'22 +33'　　B)['电子地图']　　C)[[中国]]　　D)"[X=y]"

(3)以下变量名中非法的是(　　　　)。

A)M12　　B)姓名　　C)12M　　D)M_12

(4)下列关于字符型常量的定界符书写格式,不正确的是(　　　　)。

A)' 我爱中国"　　B)[' 20387 ']

C)" ¥#123"　　D)[" Visual FoxPro 6.0"]

(5)字符型常量必须加定界符,其定界符有单引号、双引号和(　　　　)。

A)大括号　　B)小括号　　C)方括号　　D)小数点

(6)在 VFP 中,有下面几个内存变量赋值语句:

X={^2011 -06 -28 10:15:20PM}

Y=.T.

M= $ 12345.67

N=12345.67

Z="123.24"

执行上述赋值语句之后,内存变量 X,Y,M,N 和 Z 的数据类型分别是(　　　　)。

A)D,L,Y,N,C　　B)D,L,M,N,C

C)T,L,M,N,C　　D)T,L,Y,N,C

(7)要同时给 3 个变量 x,y,z 赋予相同的值 10,可以使用语句(　　　　)。

A)X=Y=Z=10　　B)STORE 10 TO X,Y,Z

C)X,Y,Z=10　　D)STORE X,Y,Z TO 10

(8)有以下命令序列:

X=64 -28

Y = X = 36

则变量 Y 的值为(　　　　)。

A)36　　　　B)23　　　　C).T.　　　　D).F.

(9)下列哪组语句可以将变量 A,B 的值互换？(　　　　)

A)A = B 　B = A	B)A = (A + B)/2 　B = (A - B)/2	C)A = A + B 　B = A - B 　A = B - A	D)C = A 　A = B 　B = C

(10)将代数式 $\frac{a^2 + x_1^2 y}{5 + xy^2}$ 改写成 VFP 的算术表达式为(　　　　)。

A)(a^2 + x^2 * y)/(5 + x * y^2)

B)a ** 2 + x1 ** 2 * y/5 + x * y ** 2

C)(a ** 2 + x1 ** 2 * y)/(5 + x * y ** 2)

D)(a^2 + x^2^y)/(5 + x^y^2)

(11)下列哪个表达式是错误的？(　　　　)

A){^2011-11-18} +3

B){^2011-11-18} -3

C){^2011-11-18} + {^2011 -11 -15}

D){^2011-11-18} - {^2011 -11 -15}

(12)在系统默认状态下,以下表达式为.T.的是(　　　)。

A)"春暖花开" = "花开"　　　　B)"花开" = "春暖花开"

C)"春暖花开" = "春暖"　　　　D)"春暖" = "春暖花开"

(13)表达式"ABV" > "ABT" > .F.的值是(　　　　)。

A).T.　　　　B).F.　　　　C)难以确定　　　　D)非法表达式

(14)VFP 表达式:5 < =x < =50 的值是(　　　)。

A)难以确定　　　　B).F.　　　　C).T.　　　　D)非法表达式

(15)表达式.F. > (10 >1)的值是(　　　)。

A).T.　　　　B).F.　　　　C)10　　　　D)非法表达式

(16)设 D1 和 D2 为日期型数据,M 为整数,不能进行的运算是(　　　)。

A)D1 + D2　　　　B)D1 - D2　　　　C)D1 + M　　　　D)D2 - M

(17)下面货币型常量的书写格式,正确的一项是(　　　　)。

A) $145.7861　　　　B)1 323.4228$　　　　C) $123.45E -1　　　　D) $123.45E4

(18)下列关于数据的操作说法中,正确的是(　　　)。

A)货币型数据不能参加算术运算

B)两个逻辑型数据不能比较大小

C)一个日期时间型数据可以加或减一个整数

D)货币型数据能比较大小,字符型则不能

(19)货币型常量与数值型常量的书写格式类似,但也有不同,表现在(　　)。

A)货币型常量前面要加一个“ $ ”符号

B)数值型常量可以使用科学计数法,货币型常量不可以使用科学计数法

C)货币数据在存储和计算时采用4位小数,数值型常量在此方面无限制

D)以上答案均正确

(20)在逻辑运算中,3种运算符的优先级别依次排列为(　　　)。

A).NOT. >.AND. > .OR.　　B).AND. >.NOT. > .OR.

C).NOT. >.OR. > .AND.　　D).OR. >.AND. > .NOT.

(21)设X="12",Y="1122",下列表达式结果为假的是(　　　)。

A)NOT(X==y)AND(X$y)　　B)NOT(X$Y)OR(X<>Y)

C)NOT(X<=Y)　　D)NOT(X$Y)

(22)当如下代码执行后,表单Form1中的文本框Text1显示的内容为(　　　)。

a=17% -5= -3 OR "程序"$"计算机程序设计" and not "VFP">"VB"

thisform.text1.value=a

A)0　　B)2　　C).F.　　D).T.

2)判断题

(1)VFP中空格字符在字符串中没有意义。(　　)

(2)在VFP中,内存变量的类型是由给它赋予的值的类型来确定的。(　　)

(3)执行该语句"STORE 1,2 TO X,Y"后,X,Y的值分别为1,2。(　　)

(4)A1=A2=5命令的作用是将5赋值给内存变量A1和A2。(　　)

(5) $123.45E-1是一个货币型常量。(　　)

(6)按VFP默认的模糊比较模式,表达式:"12345"="123"为真。(　　)

(7)在对两个字符型数据比较大小时,"="和"=="的作用是一样的。(　　)

(8)日期型数据之间不能进行加法运算,但可以进行减法运算。(　　)

(9)关系型表达式的运算结果可以是数值型数据、逻辑型数据、字符型数据或者日期型数据。(　　)

3)填空题

(1)设变量MC中存放的是书名,判断书名中是否包含"计算机"的条件是________。

(2)设三角形三边边长分别为A,B,C,写出能构成一个三角形的条件表达式________。

(3)一元二次方程 $ax^2+bx+c=0$,有实根的条件是:$a\neq0$,并且 $b^2-4ac\geqslant0$,写出该条件的VFP表达式____________。

(4)X是大于50的整数,写出其VFP表达式________。

(5)写出任意整数M能同时被3,5,7整除的条件________。

(6)写出条件:|X|≥|Y|或X<Y的VFP表达式________。

(7)表达式.NOT.("XYZ ">"xyz ".AND.30>25)的值为________。

(8)设X=5,表达式X=6 OR (X>0 AND X<10)的值为________。

(9)表达式"重庆 "$"双重喜庆"和"重庆 "$"我的家乡——重庆"的值分别为________。

4)表单设计

设计如图1-2-15所示表单,标签字号设置为20,单击一次"放大"按钮,标签文本字号增加5;单击"还原"按钮,标签文本字号为20;单击一次"缩小"按钮,标签文本字号减小5,分别编写"放大""缩小""还原"的Click事件代码。

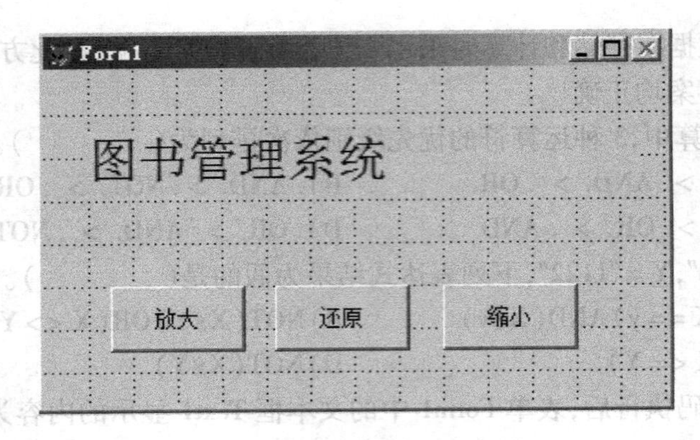

图 1-2-15　表单设计界面

实验 3　函数

1. 实验目的

熟悉常用函数的使用。

2. 实验任务

在 E 盘创建子文件夹:ex1－3,并将该文件夹设置为默认路径。

【任务 1】数值函数及表达式的使用

(1)设计如图 1-3-1 所示表单,文件名为:BD3－1. scx。运行表单后,在文本框 Text1、Text2 中分别输入 a,b,单击“计算”按钮,可以计算 $y=1+\frac{1}{5\sqrt{a}}-\sqrt[5]{b}+\sqrt{2ab}$,保留 1 位小数,并在文本框 Text3 中显示结果。

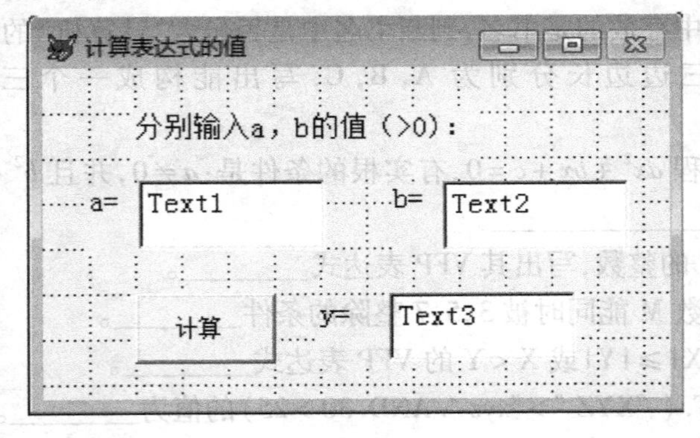

图 1-3-1　表单设计界面

提示 1:$\sqrt[5]{b}$可以表示为 b^(1/5), $2ab$ 应该表示为 2 * a * b。

提示 2:函数 sqrt(　)为平方根函数,$\sqrt{a}$可以表示为 sqrt(a)。

(2)设计如图 1-3-2 所示的表单,文件名为:BD3－2. scx。运行表单后,在文本框 Text1、Text2 中分别输入直角三角形的两条直角边长 x,y,单击“计算”按钮,可以在文本框 Text3

中显示直角三角形的斜边 z 的长度并保留 1 位小数。编写“计算”命令按钮的 Click 事件代码。

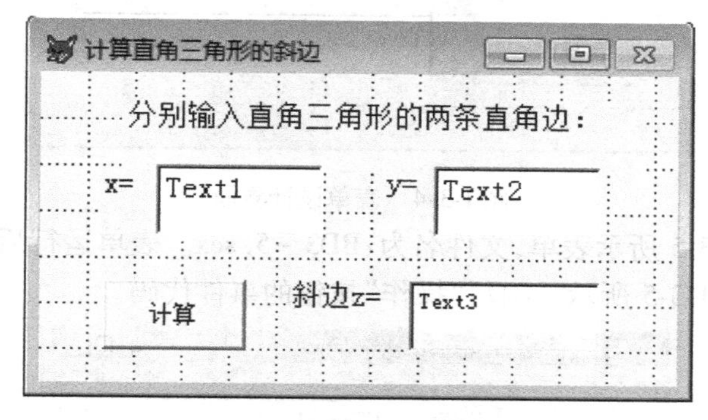

图 1-3-2　表单设计界面

☞ 提示:$z=\sqrt{x^2+y^2}$。

【任务 2】字符函数及表达式的使用

设计如图 1-3-3 所示表单,文件名为:BD3－3. scx。表单运行后,在文本框 Text1 中输入“Visual FoxPro 程序设计”,如图 1-3-3 所示。编写“操作”按钮的事件代码。

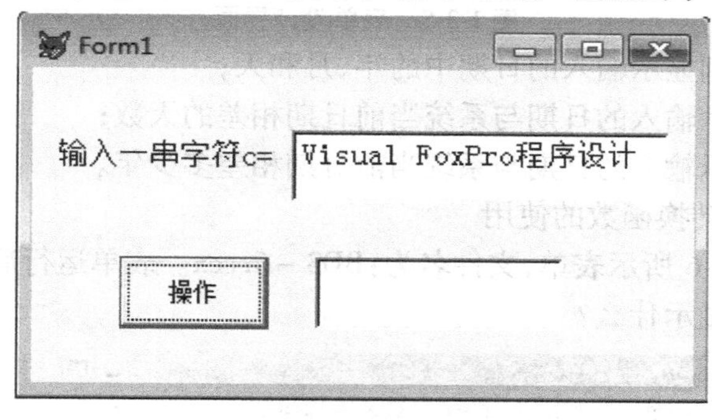

图 1-3-3　表单设计界面

①单击“操作”按钮,在文本框 Text2 中显示该字符串 C 的长度;

②单击“操作”按钮,从字符串 C 中取出子串“Visual”“FoxPro”“程序设计”,在文本框 Text2 中分别显示取出的子串;

③单击“操作”按钮,分别测试字符串“FoxPro”“程序”在字符串 C 中的起始位置,在文本框 Text2 中显示。

【任务 3】日期、时间函数及表达式的使用

(1)设计如图 1-3-4 所示表单,文件名为:BD3－4. scx。表单运行后,单击“操作”按钮,文本框 Text1 中分别显示什么?

①“操作”命令按钮的 Click 事件代码为:

thisform. text1. value = date( )

②“操作”命令按钮的 Click 事件代码为:

thisform. text1. value = time( )

③“操作”命令按钮的 Click 事件代码为:

thisform. text1. value = datetime( )

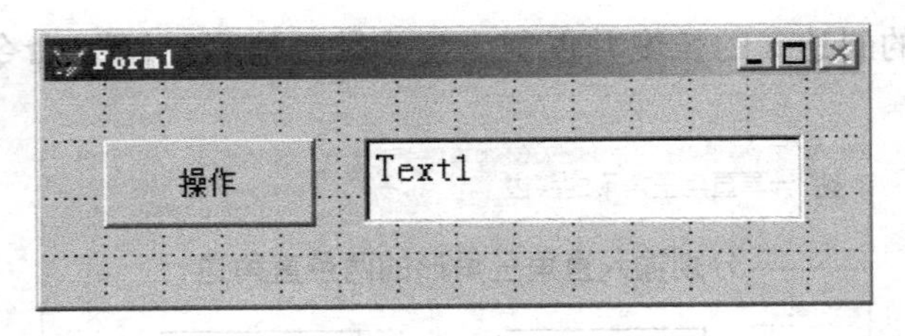

图 1-3-4　表单设计界面

(2)设计如图 1-3-5 所示表单,文件名为:BD3 - 5. scx。表单运行后,在文本框 Text1 中输入一个日期,如图 1-3-5 所示。编写“操作”按钮的事件代码。

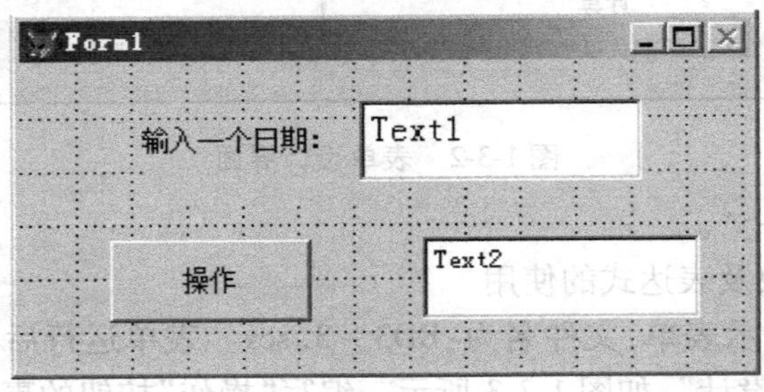

图 1-3-5　表单设计界面

①在 Text2 中分别显示输入的日期中的年、月和天;

②在 Text2 中显示输入的日期与系统当前日期相差的天数;

③在 Text2 中显示输入的日期与系统当前日期相差多少年。

【任务 4】测试与转换函数的使用

(1)设计如图 1-3-6 所示表单,文件名为:BD3 - 6. scx。表单运行后,单击“操作”按钮,文本框 Text1 中分别显示什么?

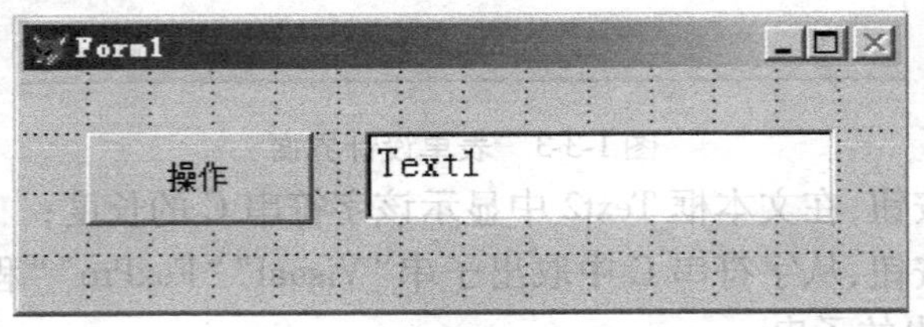

图 1-3-6　表单设计界面

①“操作”命令按钮的 Click 事件代码为:

thisform. text1. value = vartype(time( ))

②“操作”命令按钮的 Click 事件代码为:

thisform. text1. value = val(time( ))

③“操作”命令按钮的 Click 事件代码为:

thisform. text1. value = val(right(time( )))

④“操作”命令按钮的 Click 事件代码为:

thisform. text1. value = str(year(date( )))

⑤“操作”命令按钮的 Click 事件代码为:

thisform. text1. value = str(year(date( )) ,7 ,1)

⑥"操作"命令按钮的 Click 事件代码为:

```
thisform.text1.value = str(year(date()),3)
```

(2)设计如图 1-3-7 所示表单,文件名为:BD3 - 7.scx。表单运行后,单击"操作"按钮,文本框 Text1 中分别显示什么?

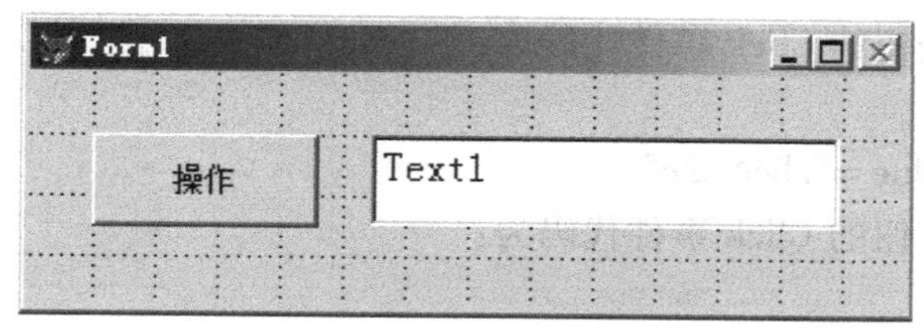

图 1-3-7　表单设计界面

①"操作"命令按钮的 Click 事件代码为:

```
thisform.text1.value = dtoc(date())
```

②"操作"命令按钮的 Click 事件代码为:

```
thisform.text1.value = val(dtoc(date()))
```

③"操作"命令按钮的 Click 事件代码为:

```
thisform.text1.value = dtoc(date(),1)
```

④"操作"命令按钮的 Click 事件代码为:

```
thisform.text1.value = chr(asc("B") + asc("g") - asc("G"))
```

(3)设计如图 1-3-8 所示表单,文件名为:BD3 - 8.scx。表单运行后,单击"操作"按钮,文本框 Text1 中分别显示什么?

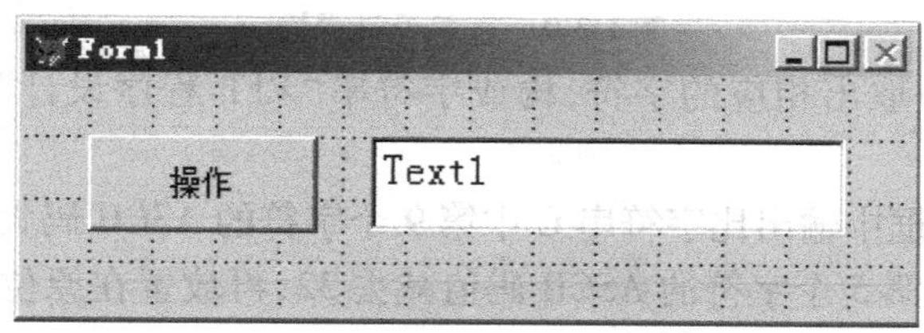

图 1-3-8　表单设计界面

①"操作"命令按钮的 Click 事件代码为:

```
X = dtoc(date())
thisform.text1.value = &x
```

②"操作"命令按钮的 Click 事件代码为:

```
K = "5 * SQRT(4)"
thisform.text1.value = INT(34.15 + &K)
```

③"操作"命令按钮的 Click 事件代码为:

```
i = '1'
j = '2'
x12 = "Hello"
Hello = "China"
x =  x&i.&j
```

thisform. text1. value = &x

④"操作"命令按钮的 Click 事件代码为:

a1 =456

thisform. text1. value ="abc&a1.3"

⑤"操作"命令按钮的 Click 事件代码为:

a2 ="523"

thisform. text1. value ="abc&a2c"

⑥"操作"命令按钮的 Click 事件代码为:

a1 ="456"

a2 ="523"

thisform. text1. value ="&a1. bc&a2. c"

(4)设计如图 1-3-9 所示表单,文件名为:BD3 -9. scx。表单运行后,在文本框中输入"Visual FoxPro 程序设计",如图 1-3-9 所示。分别编写"操作"按钮的事件代码。

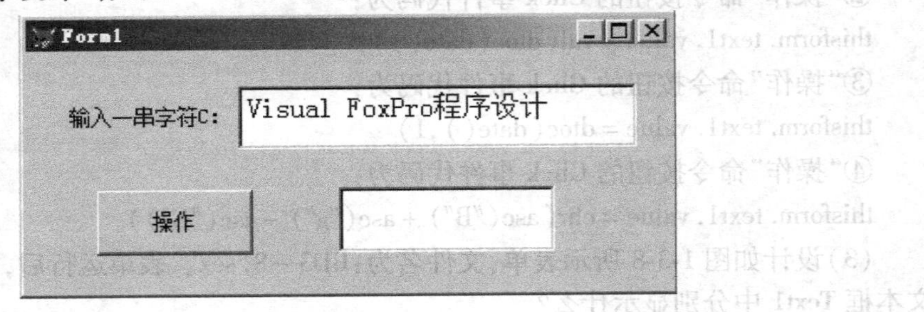

图 1-3-9　表单设计界面

①在字符串 C 中取出相应的字符,构成字符串"VFP 程序设计"在第 2 个文本框中输出。

②在第 2 个文本框中输出比字符串 C 中第 9 个字符的 ASCII 码大 10 的字符。

③将字符串 C 的第 5 个字符的 ASCII 码值减去 32,再放置在原位置上;然后在第 2 个文本框中输出字符串 C 的前 6 个字符。

图 1-3-10　表单设计界面

(5)设计如图 1-3-10 所示的表单,文件名为:BD3 -10. scx。表单运行后,单击"随机显示"按钮,可以在标签 Label1 中随机显示字符串"你好,熊大"和"你好,熊二"。编写"随机显示"按钮的事件代码。

☞ 提示:利用 iif( ) 和 rand( ) 函数。

(6)设计如图 1-3-11 所示表单,文件名为:BD3 -11. scx。表单运行后,在文本框中输入圆半径,单击"圆面积"按钮,可以弹出提示框显示圆面积,如图 1-3-11 所示。编写"圆面积"按钮的事件代码。

☞ 提示:messagebox( ) 函数的参数是一个字符表达式。

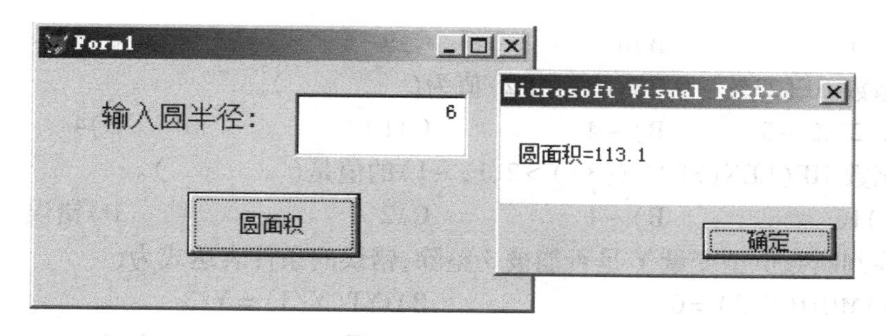

图 1-3-11 表单设计界面

3. 习题

1）选择题

（1）函数 INT（VAL（"-10.72"））的值为（　　）。

A）-11　B）11　C）-10　D）10

（2）函数 VAL（'-20.6*2'）的值为（　　）。

A）-20.60　B）-41 20　C）-20.00　D）-41.00

（3）假设 rq="2015/3/11"，rq1=CTOD（"3/11/2015"）。表达式 YEAR（rq1）+VAL（rq）的结果为（　　）。

A）无效运算　B）4 015　C）2 015　D）4 030.00

（4）函数 MOD（-4*4，-10）的值为（　　）。

A）-6　B）-4　C）4　D）6

（5）函数 ROUND（156.765，2）的值为（　　）。

A）160.000　B）156.79　C）156.77　D）200.00

（6）函数 ROUND（-2 356.78，-2）的值是（　　）。

A）2 357　B）-2 356.00　C）-2 400　D）2 357

（7）函数 ROUND（1 263.645，-3）的返回值是（　　）。

A）-1 263.65　B）1 263.65　C）1 300　D）1 000

（8）VFP 表达式：ROUND（456.875，-2）*MOD（3，-7）的值是（　　）。

A）2 000　B）1 500　C）-2 000　D）-1 500

（9）函数 INT（RAND（）*10）的值是哪个范围的整数？（　　）

A）（0，1）　B）（1，10）　C）（0，10）　D）（0，9）

（10）要随机生成一个 60～100 的整数，可以使用语句（　　）。

A）RAND（60）+RAND（100）

B）RAND（）*60+RAND（）*100

C）INT（RAND（）*60+RAND（）*40）

D）INT（60+RAND（）*40）

（11）函数 LEN（SPACE（8）-SPACE（3））的值为（　　）。

A）5　B）11　C）0　D）1

（12）函数 LEN（'ABCD0'-"ABCD"）的值是（　　）。

A)0　　B)8　　C)9　　D)4

(13)函数IIF(23% -5 =0,10, -2^2)值为(　　)。

A)23% -5　　B) -4　　C)10　　D)4

(14)函数IIF(LEN(SPACE(3)) >2,1, -1)的值是(　　)。

A)1　　B) -1　　C)2　　D)错误

(15)要判断数值型变量Y是否能被3整除,错误的条件表达式为(　　)。

A)MOD(Y,3) =0　　B)INT(Y/3) =Y/3

C)Y%3 =0　　D)INT(Y/3) =MOD(Y,3)

(16)执行A ="1.保护环境"和B =20两条赋值命令后,能够正确求值的表达式是(　　)。

A)RIGHT(A,4) +SUBSTR(B,2)　　B)VAL(LEFT(A,1)) +B

C)A +B　　D)SUBSTR(A,1,1) +B

(17)以下每两组表达式中,其运算结果完全相同的是(　　)。

A)假定A ="visual□□",B ="□□foxpro",则A -B与A +B

B)YEAR(DATE())与SUBSTR(DTOC(DATE()),7,2)

C)"40 -4 * 5"与40 -4 * 5

D)LEFT("VFP□",3)与SUBSTR("□VFP□",2,3)

注释:□代表空格

(18)下列日期表达式错误的是(　　)。

A){^2011/03/06} +15　　B){^2011/02/15} +date()

C){^2011/05/09} -17　　D){2011/02/13^} -date()

(19)在下列函数调用中,错误的是(　　)。

A)STR(DAY(DATE()),2)　　B)VAL(123)

C)SUBSTR(DTOC(DATE()),7)　　D)TRIM("abc")

(20)执行命令X =MONTH(DATE())后,X值的数据类型是(　　)。

A)日期型　　B)逻辑型　　C)字符型　　D)数值型

(21)下列表达式中,运算结果为.F.的是(　　)。

A)AT('BB','ACBCD') =0　　B)'[重庆]'$'朝天门重庆商城'

C)CHR(ASC([8]))　　D)SUBS('数据库技术',7,4)

(22)TIME()函数返回值的数据类型是(　　)。

A)数值型　　B)字符型　　C)逻辑型　　D)日期型

(23)在下列表达式中,运算结果为数值型数据的是(　　)。

A)CTOD("12/24/2011") -28　　B)"1234" +"5678"

C)100 +100 =200　　D)LEN("ABCD") -1

(24)设计一表单,表单包含一个文本框Text1和一个命令按钮Command1,Command1按钮的Click事件代码如下:

```
ks ="重庆市计算机等级笔试考试"
str1 = substr(ks,7,6) + substr(ks,17,4)
thisform.text1.value = str1
```

表单运行后，单击命令按钮，文本框 Text1 中显示的结果是(　　　　)。

A)计算机等级考试　　B)计算机考试

C)计算机等级笔试考试　　D)计算机笔试

(25)设 A = DATE( ), B = '03/29/11', C = {^2011 - 03 - 29}，正确的一个表达式是(　　　　)。

A)A + C　　B)A - B　　C)A - C　　D)B - (A - C)

(26)表单中命令按钮的 Click 事件代码如下。表单运行后，单击命令按钮，文本框 Text1 将显示(　　　　)。

```
a = "1"
b = "2"
x12 = "email"
m = "my"
thisform. text1. value = m + x&a. &b
```

A)email　　B)myemail　　C)myemail12　　D)email12

(27)假设 N = 10、M = 20 和 S = "N + M"之后，则表达式 10 + &S 的输出结果是(　　　　)。

A)10 + N + M　　B)40　　C)10 + S　　D)出错信息

(28)已知 D = "09/20/2008"，则表达式 10 + &D 的计算结果是(　　　　)。

A)数值型　　B)字符型　　C)日期型　　D)数据类型不匹配

(29)假定系统日期是 2011 年 3 月 10 日，则执行命令 x1 = MOD(YEAR(DATE( )) - 2000,10)后，x1 的值是(　　　　)。

A)1　　B) -1　　C)032011　　D)0

(30)表单中命令按钮的 Click 事件代码如下。表单运行后，单击命令按钮，文本框 Text1 将显示(　　　　)。

```
X = 5
Y = 10
Z = "X + Y"
thisform. text1. value = 5 + &Z
```

A)5 + &Z　　B)5 + X + Y　　C)20　　D)数据类型不匹配

(31)在 VFP 中，"宏替换"操作可以从变量中替换出(　　　　)。

A)数值　　B)表达式　　C)命令　　D)以上 3 种都可能

(32)k = " * ", x12 = 6, X22 = "亚洲"，则表达式 X12&k. 5 的值为(　　　　)。

A)2　　B)30　　C)亚洲　　D)6 * 5

(33)表单中的命令按钮的 Click 事件代码如下：

```
SET EXACT OFF
x = "重庆"
thisform. label1. caption = IIF('重庆' $ "双重喜庆","祝福口口" + X,"祝福口口" - X)
```

表单运行后，单击命令按钮，则标签 Label1 中的输出结果是(　　　　)。

A)口口祝福重庆　　　　　　B)祝福重庆

C)祝福重庆口口　　　　　　D)祝福口口重庆

注释:口代表空格。

2)判断题

(1)函数 MOD(26, -3)的结果是 -2。　( )

(2)表达式 STR(MOD(1,7),2)#"9812"的值为.T.。　( )

(3)表达式 CHR(65) - STR(MOD(1,7),2)的结果是"A1",串长 =2。　( )

(4)表达式 ROUND(15.125, -1) + MOD(26, -3)的结果是 19。　( )

(5)表达式 CHR(ASC("K")) - STR(MOD(5, -7),3)的结果是'K□ -2',串长 =4(其中:□代表空格)。　( )

(6)关系表达式 A = INT(A/B)*B 的意义是其值为真时表示 A 能被 B 整除,否则 A 不能被 B 整除。

(7)宏替换函数 & 后的变量可以是任意类型的变量。　( )

(8)已知 VFP 的日期格式是默认美国方式,命令 Y = YEAR(CTOD("09/22/14"))执行后,内存变量 Y 的值为 14。　( )

(9)DATE() + YEAR(DATE())是一个错误的表达式。　( )

(10)DTOC(DATE()) + YEAR((DATE())是一个正确的表达式。　( )

(11)设 M = CTOD("08/25/11") +10,函数 DTOC(M,1)的值为.F.。　( )

3)填空题

(1)判断一个数 X 是正数、负数还是零的表达式为________。

(2)判断一个数是 3 位正整数的条件是________。

(3)设任意数 X,写出判断 X 能否被 7 整除的条件是________。

(4)设计如图 1-3-12 所示表单,其中文本框 Text2 和 Text3 的 Value 属性的初始值设置为 0。表单运行后,在 Text1 中输入字符串,单击"取子串"按钮,根据 Text2 和 Text3 输入的子串起始位置和子串长度来取得子串,并在 Label1 中显示结果。请选择并完善"取子串"按钮的 Click 事件代码。

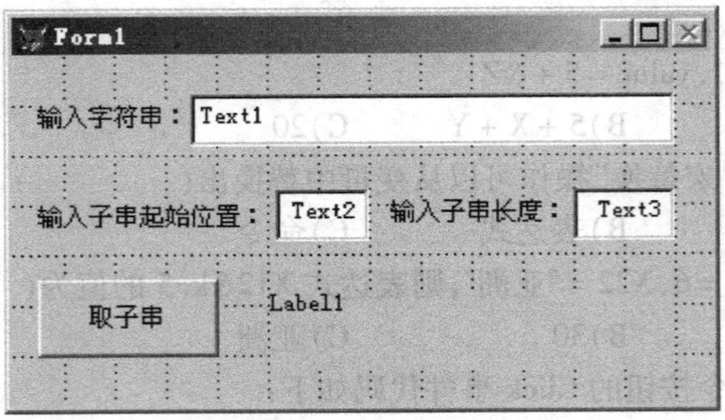

图 1-3-12　表单设计界面

"取子串"按钮的 Click 事件代码如下:

```
c = alltrim(thisform.text1.value)
x = ________________
```

n = thisform. text3. value

thisform. label1. caption = ____________________

4)表单设计

(1)设计如图 1-3-13(a)所示表单,文件名为:BD3 - 3. scx。运行表单后,在文本框 Text1 中输入一个 4 位正整数,单击“输出”按钮,可以在文本框 Text2 中显示交换以后的 4 位数,交换的方法是后两位数与前两位数交换,如输入 4567,输出 6745,如图 1-3-13(b)所示。请编写“输出”命令按钮的 Click 事件代码。

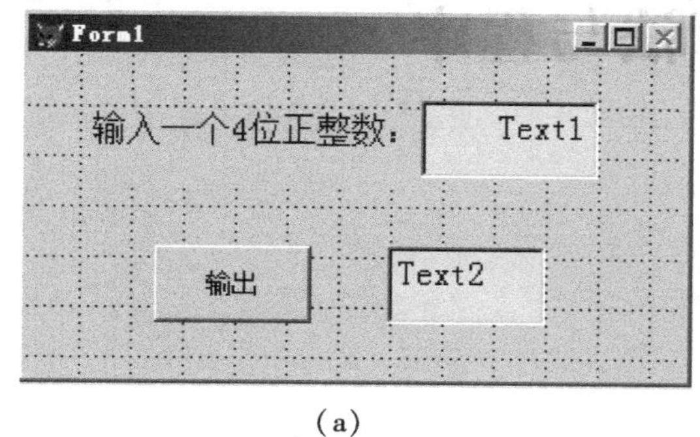

(a)

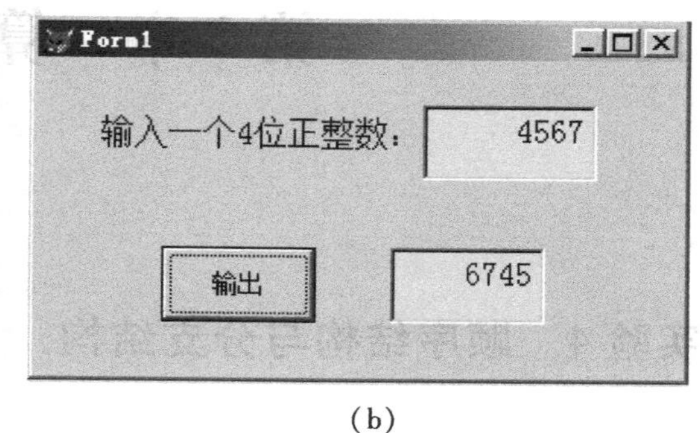

(b)

图 1-3-13 设计及运行界面

(2)设计如图 1-3-14(a)所示表单,文件名为:BD3 - 13. scx。运行表单后,在文本框 Text1 中输入圆的半径,单击“计算”按钮,在标签 Label2 中显示圆的面积,如图 1-3-14(b)所示。请编写“计算”命令按钮的 Click 事件代码。

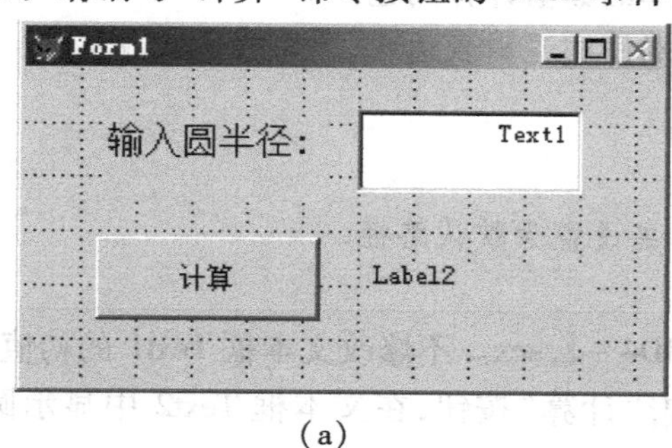

(a)

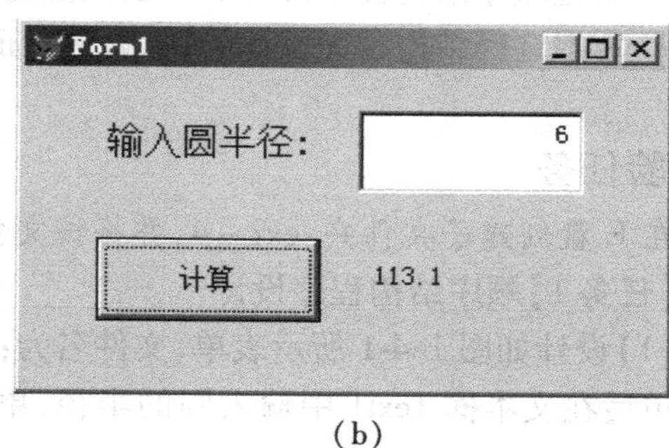

(b)

图 1-3-14 设计及运行界面

第2章　算法与程序

实验4　顺序结构与分支结构

1. 实验目的

- 熟悉表单程序的编辑环境以及表单文件的建立、运行与调试方法。
- 掌握 VFP 可视化程序设计语言的特点和输入、输出控件的使用。
- 掌握顺序结构程序设计的方法，解决简单的数值计算问题。
- 掌握选择结构程序设计的特点，学会正确使用逻辑表达式、关系表达式。

2. 实验任务

在 E 盘创建子文件夹：ex2－4，并将该文件夹设置为默认路径。

【任务 1】顺序结构程序设计

(1) 设计如图 1-4-1 所示表单，文件名为：BD4－1. scx。不修改文本框 Text1 的初值，运行表单后在文本框 Text1 中输入圆的半径，单击"计算"按钮，在文本框 Text2 中显示圆的周长。

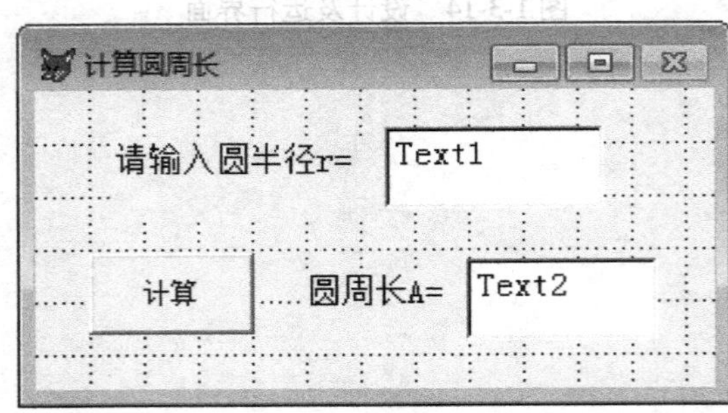

图 1-4-1　表单设计界面

(2) 设计如图 1-4-2 所示表单，文本框 Text1 设置为数值型并可以接受 1 位小数，文件名为：BD4－2. scx。表单运行后，在文本框中输入 a 的值，单击"计算"按钮，在文本框 Text2

中输出函数值 y,保留 1 位小数,其中 $x=a^2$,$y=x^2+x+3$。

(3)设计如图 1-4-3 所示表单,文件名为:BD4 -3. scx。表单运行后,在文本框中输入一个 3 位正整数,单击“计算”按钮,在文本框 Text2 中显示其每个数位的立方和。

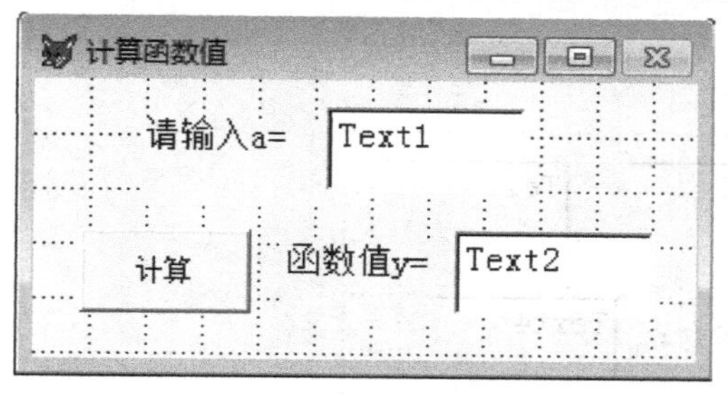

图 1-4-2 表单设计界面

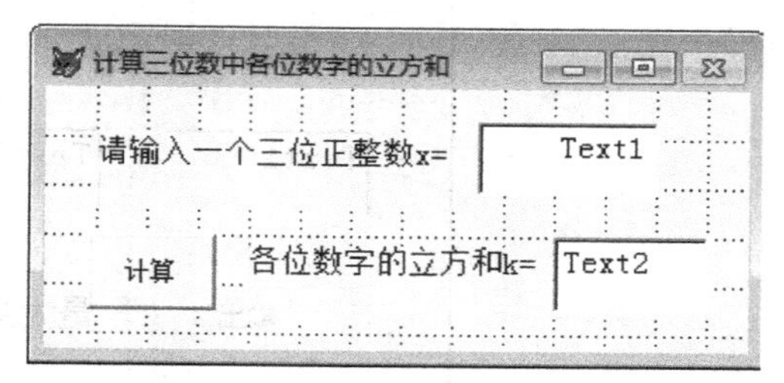

图 1-4-3 表单设计界面

【任务 2】分支结构程序设计

(1)设计如图 1-4-4(a)所示表单,文件名为:BD4 -4. scx,文本框 Text1 初值为 0。输入一个正整数,判断奇偶性,运行界面如图 1-4-4(b)所示。

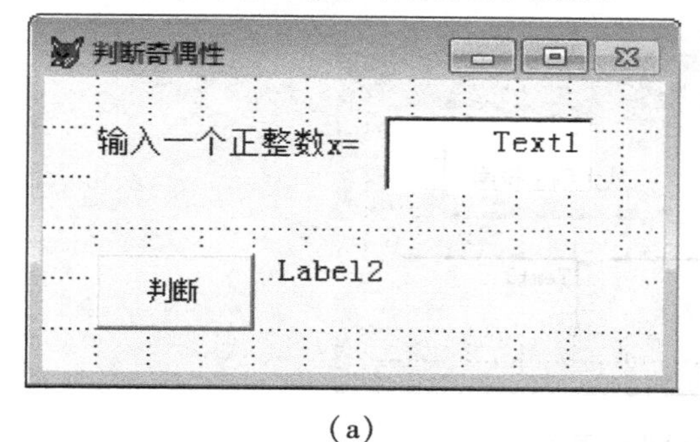

(a)

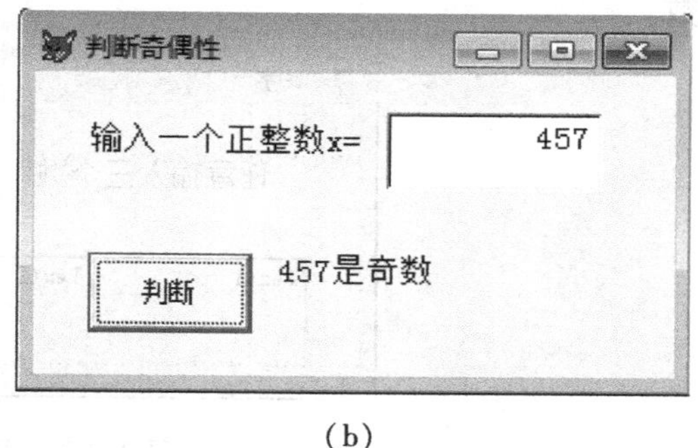

(b)

图 1-4-4 表单设计及运行界面

(2)设计如图 1-4-5(a)所示表单,文件名为:BD4 -5. scx,文本框 Text1 初值为 0。0 表单运行后,在文本框 Text1 中输入一个 4 位数,单击“显示”按钮,可以在标签 Label3、Label4、Label5、Label6 中分别显示该数的个位、十位、百位和千位数字,如图 1-4-5(b)所示;输入的 4 位数是 9999 时,可以关闭表单。

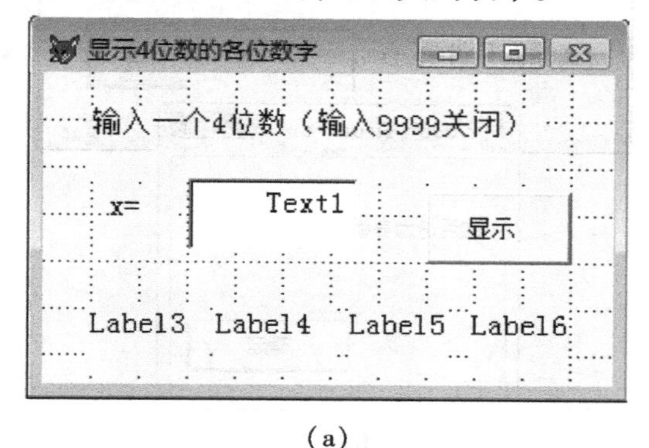

(a)

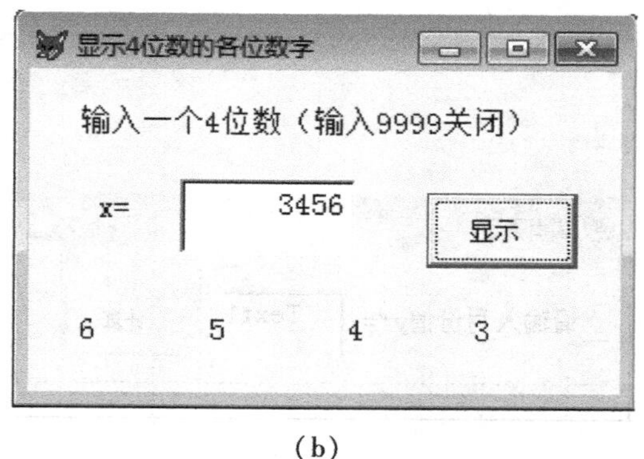

(b)

图 1-4-5 表单设计及运行界面

☞ 提示:关闭表单的方法是 thisform. release。

(3)设计如图 1-4-6 所示表单,文件名为 BD4 - 6. SCX。在文本框 Text1、Text2、Text3 中任意输入 3 个数,单击"输出"按钮,比较 3 个数的大小,在文本框 Text4 中输出最大数。

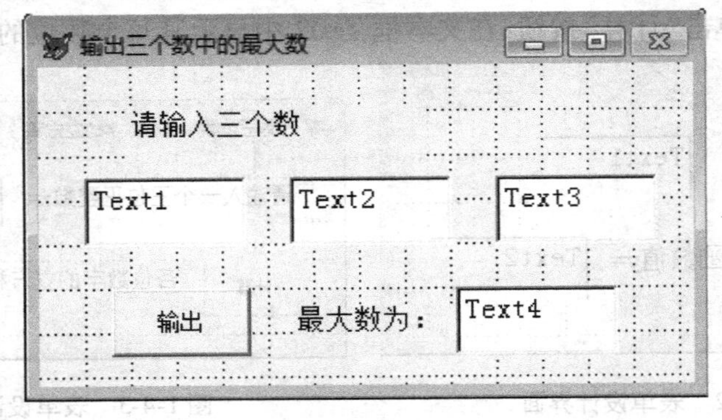

图 1-4-6　表单设计界面

(4)设计如图 1-4-7 所示表单,文件名为 BD4 - 7. SCX。在文本框中输入 3 个数,单击"从大到小排序"按钮,在文本框 Text1、Text2、Text3 中按从大到小的顺序分别输出这 3 个数。

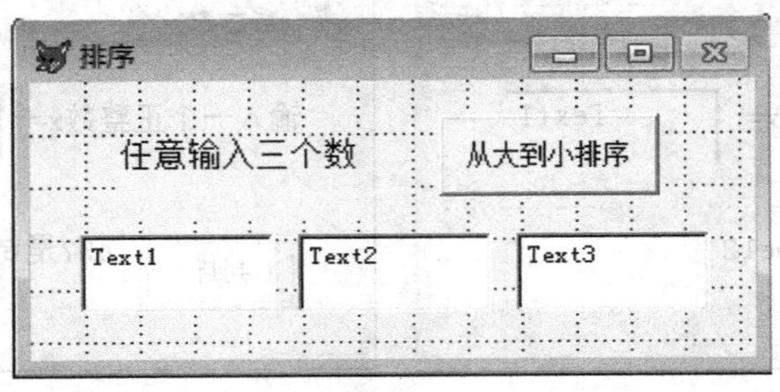

图 1-4-7　表单设计界面

(5)设计如图 1-4-8(a)所示表单,文件名为 BD4 - 8. SCX。输入月份值,在提示框中显示对应季节的中文名字(3,4,5 月为春季,6,7,8 月为夏季,9,10,11 月为秋季;12,1,2 月为冬季),如图 1-4-8(b)所示。

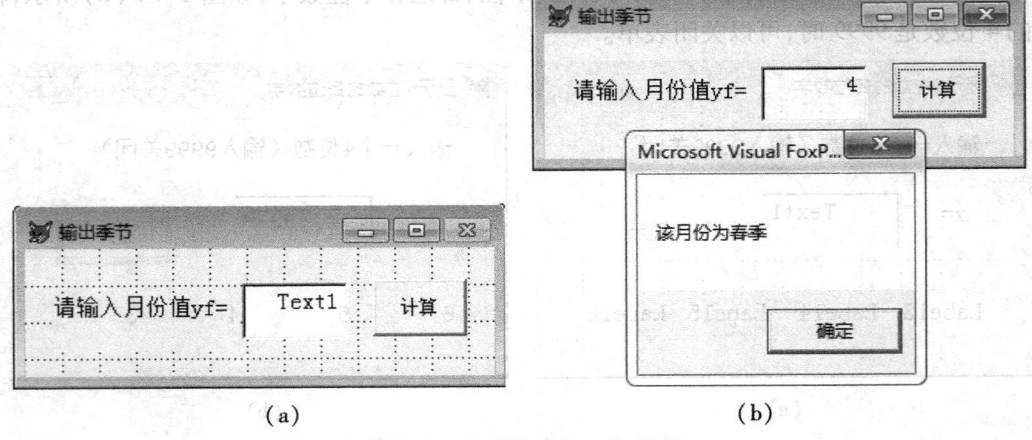

图 1-4-8　表单设计及运行界面

ↄ 提示:弹出提示框的函数为 MESSAGEBOX( )。

3. 习题

1)选择题

(1)结构化程序设计的3种结构是(　　　)。

A)顺序结构、选择结构、循环结构　　B)多分支结构、转移结构、循环结构

C)分支结构、赋值结构、等价结构　　D)顺序结构、选择结构、等价结构

(2)算法的有穷性是指(　　　)。

A)算法程序的运行时间是有限的　　B)算法程序所处理的数据量是有限的

C)算法程序的长度是有限的　　D)算法只能被有限的用户使用

(3)输入一个数X,判断其为正整数的正确表达式为(　　　)。

A)X >0 OR X = INT(X)　　B)X >0 AND X = INT(X)

C)X >0 OR X/2 = INT(X/2)　　D)X >0 AND X/2 = INT(X/2)

(4)输入一个数N,判断其为奇数的错误表达式为(　　　)。

A)N/2 < >INT(X/2)　　B)MOD(N,2) < >0

C)N%2 < >0　　D)MOD(N/2) < >0

(5)设A,B,C为三角形的三条边,且A,B,C均大于0。在以下构成三角形的条件中正确的是(　　　)。

A)A + B >0,B + C >0,A + C >0

B)A + B >0 AND (B + C >0 OR A + C >0)

C)A + B >0 AND B + C >0 AND A + C >0

D)A + B >0 OR (B + C >0 AND A + C >0)

(6)与.NOT.(n < =50.AND.n > =15)等价的条件是(　　　)。

A)n >50.OR.n <15　　B)n <50.OR.n >15

C)n <50.AND.n >15　　D)n >50.AND.n <15

(7)设计如图1-4-9所示表单,其中文本框Text1的初值为0。表单运行后,在文本框Text1中输入“1234”,单击“输出”按钮,文本框Text2中显示的内容为(　　　)。

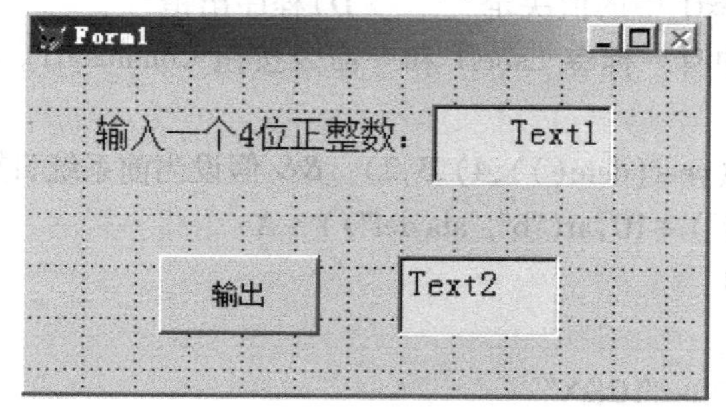

图1-4-9　表单设计界面

“输出”按钮的Click事件代码如下:

```
x = thisform.text1.value
x1 = mod(x,100)
```

x2 = int(x/100)

thisform. text2. value = x1 * 100 + x2

A)1234　　B)4321　　C)1324　　D)3412

(8)设计如图 1-4-10 所示表单，表单运行后，在文本框 Text1 中输入数值 25，单击“确定”按钮，文本框 Text2 中显示的结果是(　　)。

“确定”按钮的 Click 事件代码如下：

x = val(thisform. text1. value)

y = SQRT(x) * MOD(5, -2)

thisform. text2. value = y

A)5　　B)-5　　C)15　　D)-15

(9)设计如图 1-4-11 所示表单，命令按钮“Command1”的 Click 事件代码如下：

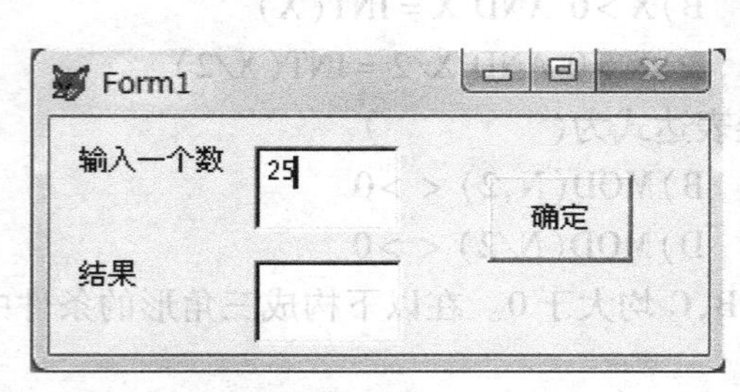

图 1-4-10　表单运行界面

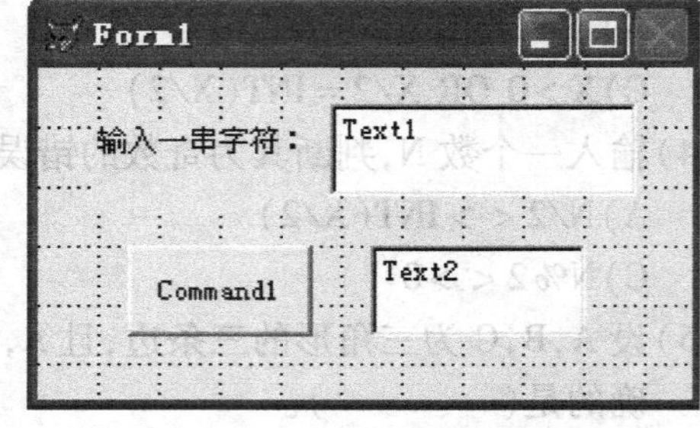

图 1-4-11　表单运行界面

IF thisform. text1. value = [785943]

S = 1

ENDIF

S = 2

thisform. text2. value = S

表单运行后，在文本框 Text1 中输入一串字符，文本框 Text2 中显示(　　)。

A)2　　B)1

C)由文本框 Text1 中的值决定　　D)程序出错

(10)表单 Form1 中有一标签 Label1 和一命令按钮 Command1。Command1 的 Click 事件代码如下：

A = substr(str(year(date()),4),3,2)　&& 假设当前系统日期为 2014 年 11 月 8 日

B = str(val("9") + 10, at("b","abcdef")) + A

MK = "dk" + B

X = "88.56"

Z = str(&X,2) + "10&X"

thisform. label1. caption = MK + " " + Z

表单运行后单击命令按钮 Command1，标签 Label1 将显示(　　)。

A)dk1914 891088.56　　B)dk10914 891088.56

C)dk1914 881088.56　　D)dk10914 881088.56

(11)表单 Form1 中有一标签 Label1,当如下代码执行后,Label1 中显示的内容为(　　)。

```
k1 = "*"
k2 = "/"
a = 15
b = 7
c = 3
thisform. label1. caption = str( a&k1. b&k2. c)
```

A)15　　B)35　　C)2.84　　D)15*7/37

2)填空题

(1)在文本框 Text1 中输入一个 5 位自然数,表单运行后,单击命令按钮,在文本框 Text2 中将其反序输出。请完善命令按钮的 Click 事件代码。

"Command1"按钮的 Click 事件代码如下:

```
X = thisform. text1. value
a1 = int( x/10000)
a2 = mod( int( x/1000) ,10)
a3 = ________
a4 = int( x% 100/10)
a5 = ________
thisform. text2. value = a1 + a2 * 10 + a3 * 100 + a4 * 1000 + a5 * 10000
```

(2)设计一表单,表单运行后,单击命令按钮可以显示当前系统日期的中文季节,比如系统日期为{^2014 - 10 - 10},显示"秋季"。请完善命令按钮的 Click 事件代码。

"Command1"按钮的 Click 事件代码如下:

```
yue = MONTH(________)
DO CASE
    CASE yue = 3 or yue = 4 or yue = 5
      Coth = "春"
    CASE ________________
      Coth = "夏"
    CASE yue = 9 or yue = 10 or yue = 11
      Coth = "秋"
    CASE yue = 12 or yue = 1 or yue = 2
      Coth = "冬"

________________
MESSAGEBOX(________ + "季")
RETURN
```

(3)有如图 1-4-12(a)所示表单,其中文本框 Text1 可以接受日期型数据,运行表单后在 Text1 中输入日期:11/24/2010,根据日期的年份值判断该年是否为闰年。单击命令按钮"Command1",则标签 Label2 显示 2010 年不是闰年,如图 1-4-12(b)所示。请将如下程序代码补充完整。

“Command1”按钮的 Click 事件代码如下：

```
d = thisform. text1. value
y = ________
IF y/4 = int(y/4) OR y/100 < > int(y/100) AND   y/400 = int(y/400)
      y1 = "是"
ELSE
    y1 = "不是"
ENDIF
thisform. label2. caption = ________ + "年" + y1 + "闰年"
```

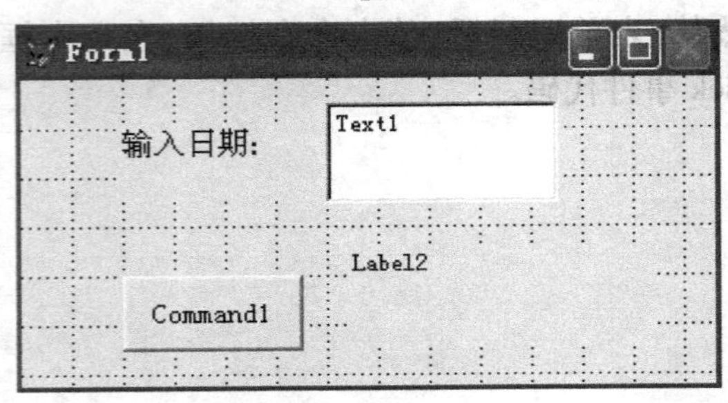

(a)

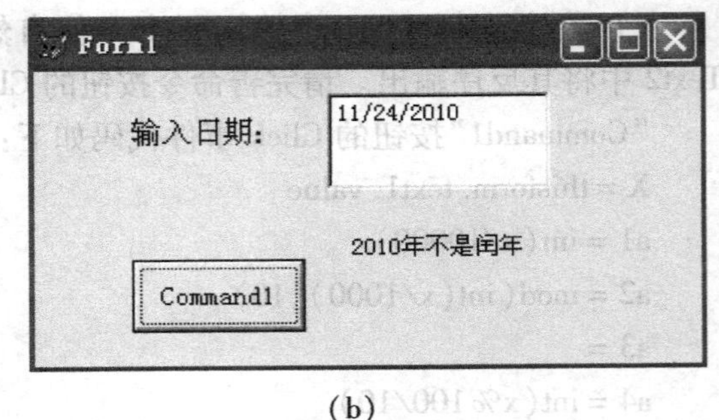

(b)

图 1-4-12　表单设计及运行界面

(4)表单如图 1-4-13 所示,运行后在文本框 Text1 中输入学生成绩,单击“输出”按钮,在标签 Label3 中显示学生的等级(成绩等级:0 ~ 60 为“不合格”,60 ~ 80 为“合格”,80 ~ 100 为“优良”,其余为“成绩无效!”)。请完善“输出”按钮的 Click 事件代码。

图 1-4-13　表单设计界面

“输出”按钮的 Click 事件代码如下:

```
x = thisForm. text1. value
DO CASE
   CASE ____________
     dj = "成绩无效!"
   CASE x < 60
     dj = "不合格"
   CASE x < 80
     dj = "合格"
   CASE x < = 100
     dj = "优良"
ENDCASE
____________
```

3)读程序写结果

(1)如图1-4-14所示为表单的设计界面,运行该表单,在文本框Text1中输入一个字符R,单击“转换”命令按钮后,标签Label2的位置将显示什么?

“转换”命令按钮的Click事件代码如下:

```
x = thisform. text1. value
y = CHR( ASC( x) - ASC("A") + ASC("a") +2)
thisform. label2. caption = y
```

(2)设计如图1-4-15所示表单。已知标签Label1(左)、Label2(右)的初值均为1,请写出当第3次单击“计算”按钮时,表单上的两个标签分别显示的数值是什么?

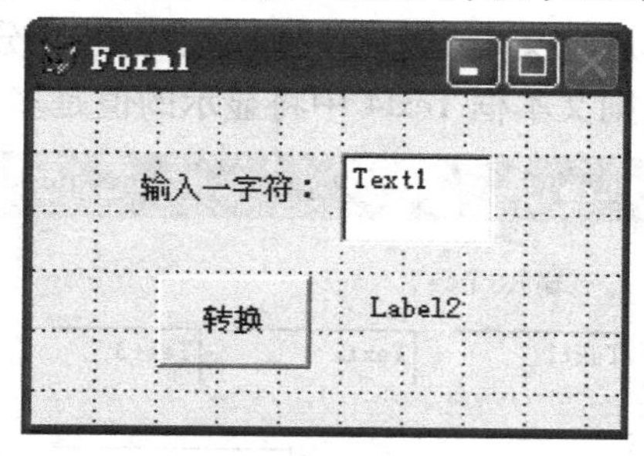

图1-4-14 表单设计界面

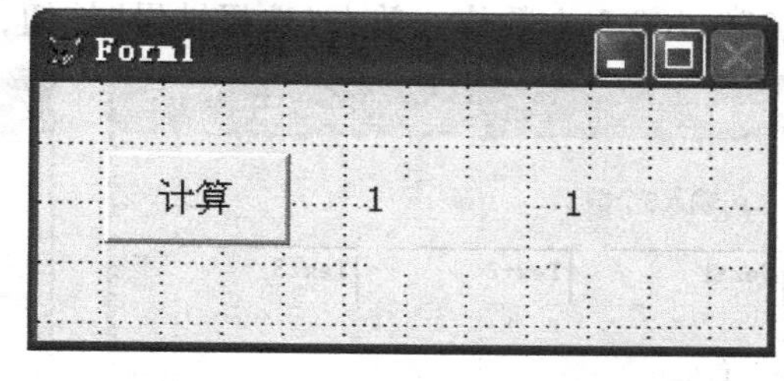

图1-4-15 表单设计界面

“计算”命令按钮的Click事件代码如下:

```
X = VAL( thisform. label1. caption)
Y = VAL( thisform. label2. caption)
X = X + Y
Y = Y + X
IF X > 1000 OR Y > 1000
X = 1
Y = 1
ENDIF
X = X + Y
Y = Y + X
thisform. label1. caption = STR( X,3)
thisform. label2. caption = STR( Y,3)
```

(3)设表单上有3个文本框Text1、Text2、Text3,一个标签Label1,一个命令按钮Command1,如图1-4-16所示。

“Command1”按钮的Click事件代码如下:

```
A = VAL( thisform. text1. value)
B = VAL( thisform. text2. value)
C = VAL( thisform. text3. value)
IF A > = B
  M = A
```

```
    ELSE
        M = B
    ENDIF
    IF   C < M
        M = C
    ENDIF
    thisform.label1.caption = STR(M)
```

当在 Text1、Text2、Tex3 中依次输入 18,34,42,单击命令按钮 Command1 则最终在标签上显示的结果是什么?

(4)设计如图 1-4-17 所示表单,当运行该表单后在文本框 Text1、Text2、Text3 中分别输入 300,200,100 3 个数值。单击“选择结果”按钮,则文本框 Text4 中将显示的值是多少?

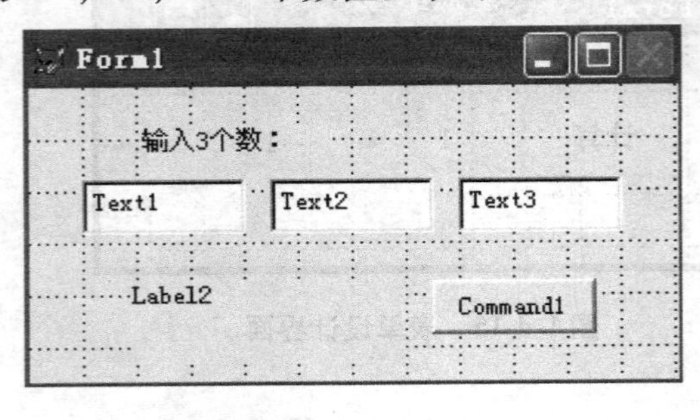

图 1-4-16　表单设计界面

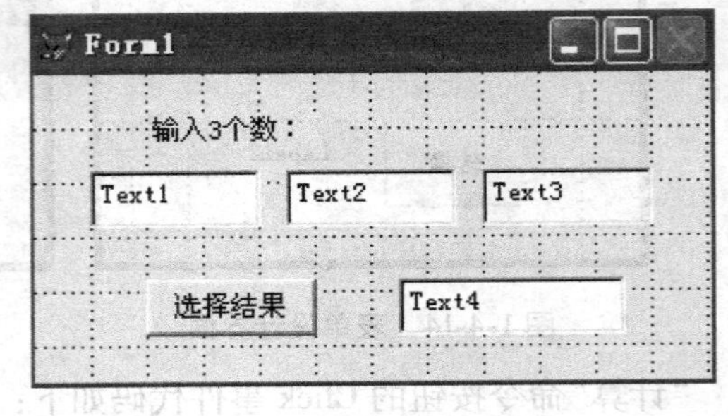

图 1-4-17　表单设计界面

“选择结果”按钮的 Click 事件代码如下:

```
A = VAL(thisform.text1.value)
B = VAL(thisform.text2.value)
C = VAL(thisform.text3.value)
IF MAX(A,B) < C
    thisform.text4.value = ALLT(STR(MAX(A,B)))
ELSE
    IF MIN(A,B) < C
        thisform.text4.value = ALLT(STR(C))
    ELSE
        thisform.text4.value = ALLT(STR(MIN(A,B)))
    ENDIF
ENDIF
```

4)表单设计

(1)设计如图 1-4-18 所示表单,文件名为:XT4 - 1.scx。运行表单后,在文本框 Text1 中输入正方形的边长,单击“计算”按钮,在文本框 Text2 中显示正方形的面积。

(2)设计如图 1-4-19 所示表单,文件名为:XT4 - 2.scx。表单运行后,在 Text1、Text2 两个文本框中分别输入长方形的长和宽,单击“计算”按钮,在文本框 Text3、Text4 中分别显示长方形的周长和面积。

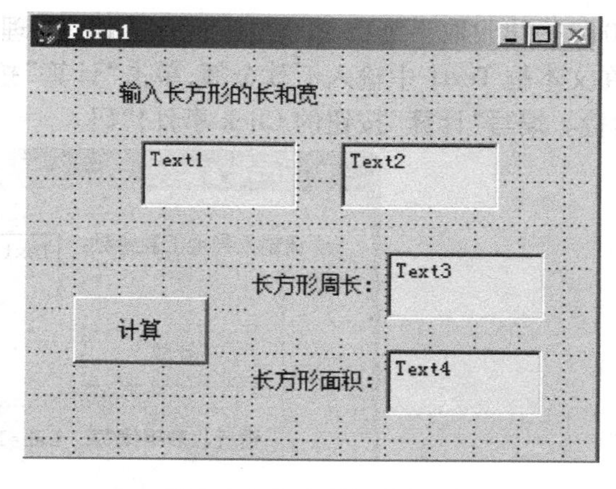

图 1-4-18　表单设计界面

图 1-4-19　表单设计界面

(3)设计如图 1-4-20 所示表单，文件名为 XT4－3.scx，计算分段函数：

$$f(x)=\begin{cases}2x-1 & (x>10)\\ \dfrac{x+1}{x^2} & (0<x\leqslant 10)\\ 0 & (x=0)\\ x^3+1 & (x<0)\end{cases}$$

图 1-4-20　表单设计界面

(4)某高校新生奖学金奖励办法如下，根据学生高考成绩给予奖励：

①高考成绩 >700 分(含 700 分)，显示：你的奖学金为 50 000 元。

②高考成绩 650(含 650 分)～700 分(不含 700 分)，显示：你的奖学金为 20 000 元。

③高考成绩 600(含 600 分)～650 分(不含 650 分)，显示：你的奖学金为 5 000 元。

④高考成绩 <600 分，显示：没有奖学金。

设计如图 1-4-21 所示的表单，其中文本框的初值为默认值。表单运行后，在文本框 Text1 中输入高考成绩。单击“查询结果”按钮，根据输入的高考成绩，在提示框中显示应获得的奖学金，如图 1-4-21 所示。为“查询结果”按钮的 Click 事件编写代码。

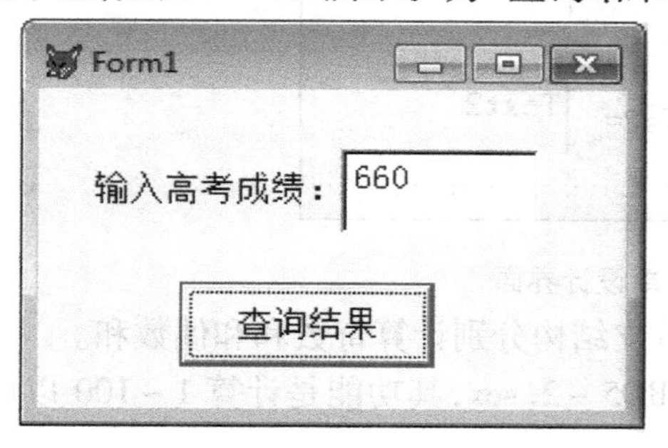

图 1-4-21　表单运行界面

(5)到银行办理个人异地汇款(不超过 100 万)时，银行要收取一定的手续费。汇款额不超过 100 元，收取 1 元手续费；超过 100 元但不超过 5 000 元，按汇款额的 1% 收取；超过

5 000 元一律收取手续费 50 元,其他情况不予办理。设计如图 1-4-22 所示表单,表单运行时,在文本框 Text1 中输入汇款金额,单击“计算”按钮后,在标签 Label3 中输出银行收取的手续费。编写“计算”按钮的 Click 事件代码。

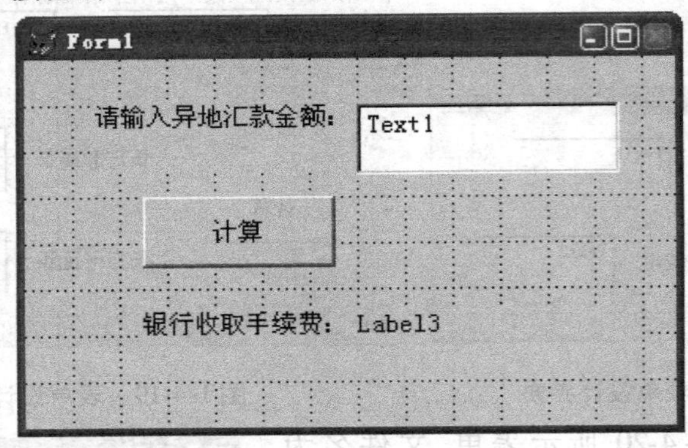

图 1-4-22　表单设计界面

实验 5　循环结构(1)

1. 实验目的

掌握简单循环结构程序设计的方法,解决简单的数值计算问题。

2. 实验任务

在 E 盘创建子文件夹:ex2－5,并将该文件夹设置为默认路径。

【任务】循环结构程序设计

(1)设计如图 1-5-1 所示表单,文件名为 BD5－1. scx,输出 100 以内的奇数和、偶数和。

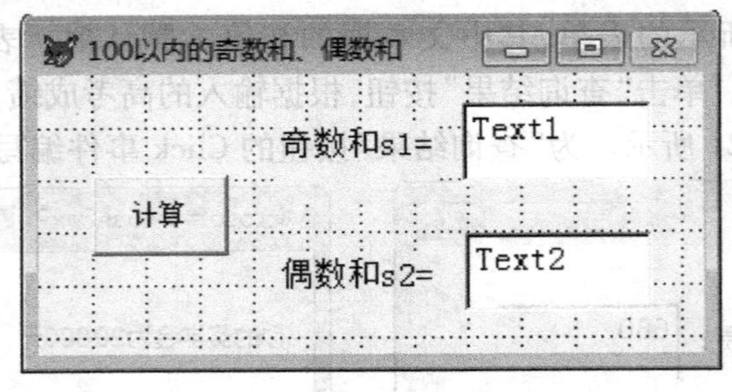

图 1-5-1　表单设计界面

提示:在一个循环结构中嵌套一个双分支结构分别计算奇数和和偶数和。

(2)设计如图 1-5-2 所示表单,文件名为 BD5－2. scx,其功能是计算 1～100 以内所有能被 8 整除的数之和及平均值。

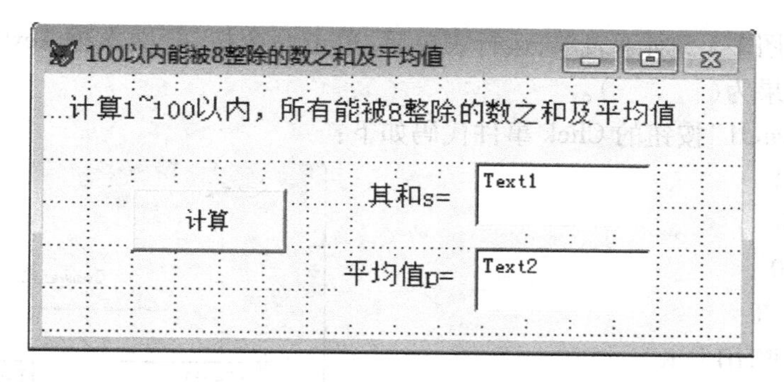

图 1-5-2　表单设计界面

(3)设计如图 1-5-3 所示表单,文件名为 BD5 -3. scx,其功能是计算自然数的倒数和。

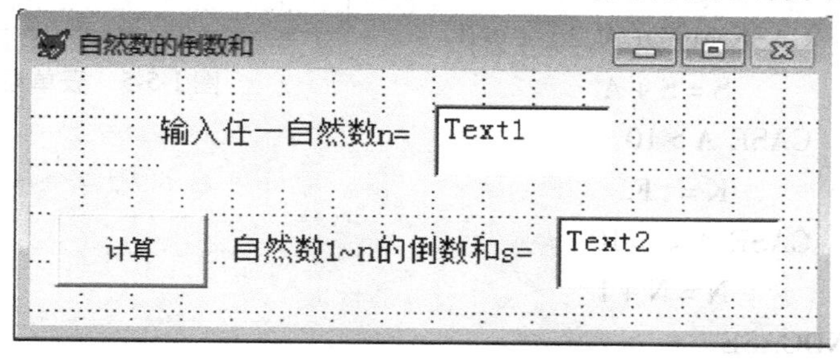

图 1-5-3　表单设计界面

(4)设计如图 1-5-4 所示表单,文件名为 BD5 -4. scx,计算 $s = 1 - 1/2 + 1/3 - 1/4 + \cdots - 1/100$。

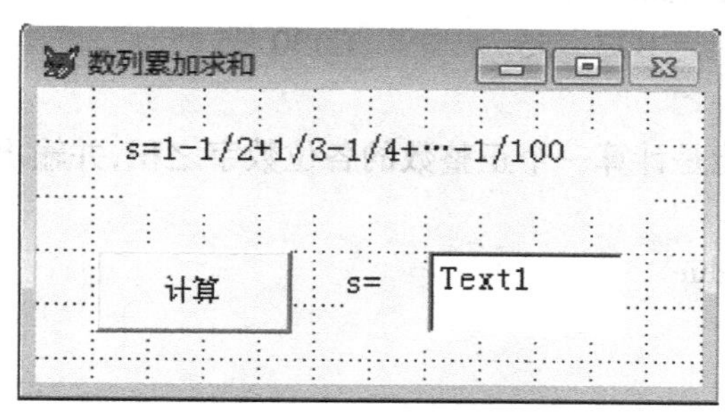

图 1-5-4　表单设计界面

3. 习题

1)选择题

(1)在下面的 DO 循环中,共要循环(　　　　)次。

```
X = 5
Y = 10
DO WHILE Y > = X
   Y = Y - 1
ENDDO
```

A)10　　B)5　　C) 6　　D)4

(2)设计如图 1-5-5 所示表单,运行表单后,单击命令按钮,文本框 Text1 和 Text2 中的显示结果为(　　　)。

"Command1"按钮的 Click 事件代码如下:

```
A = 1
S = 0
N = 0
K = .T.
DO WHILE K
    A = A + 1
    DO CASE
        CASE MOD(A,2) < >0
            S = S + A
        CASE A > 10
            K = .F.
        CASE A < = 10
            N = N + 1
    ENDCASE
ENDDO
thisform.text1.value = S
thisform.text2.value = N
```

图 1-5-5　表单设计界面

A)36　5　　　B)3　55　　　C)30　5　　　D)30　4

2)填空题

(1)以下程序的功能是计算一个正整数的各位数字之积,并输出其乘积与位数的比值,请填空完善程序。

```
x = thisform.text1.value
s = 1
n = 0
DO WHILE x ________ 0
    s = s * MOD(x,10)
    ______________
    X = int(x/10)
ENDDO
thisform.text2.value = s/n
```

(2)设计如图 1-5-6 所示表单,表单运行后,单击"输出"按钮,在文本框 Text1 中输出数列 2/1,3/2,5/3,8/5,13/8…前 20 项之和,结果保留 3 位小数,请选择填空并完善代码。

```
a = 2
b = 1
s = 0
FOR i = 1 to 20
```

```
        s = s + a/b
        b = a
        _________
    ENDFOR
    thisform.text1.value = _________
```

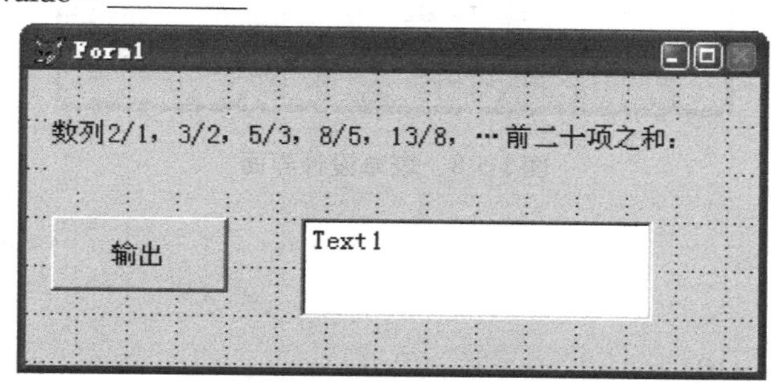

图 1-5-6　表单设计界面

(3)设计如图 1-5-7 所示表单,表单运行后,在文本框 Text1 中输入一个正整数,单击"计算"按钮后,计算 $s=\frac{1}{2}-\frac{2}{3}+\frac{3}{4}-\frac{4}{5}+\cdots+\frac{n}{n+1}$,并在标签 Label3 中输出,保留 2 位小数。

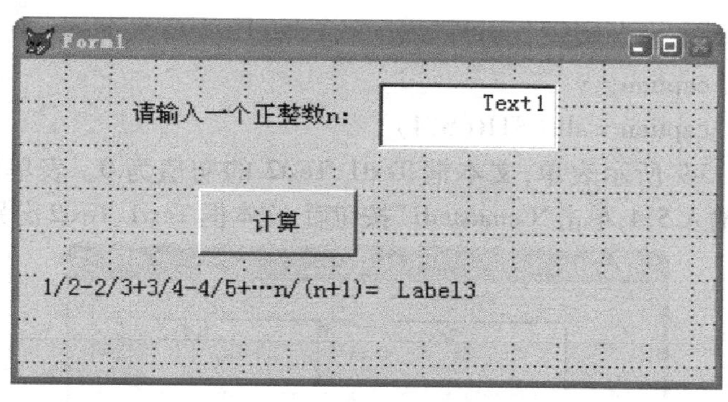

图 1-5-7　表单设计界面

```
N = thisform.text1.value
S = 0
F = 1
FOR i = 1 to n
    S = s + _________
    F = ( -1) * f
ENDFOR
thiform.label3.caption = _________
```

3)读程序写结果

(1)表单如图 1-5-8 所示,单击"Command1"按钮后,标签 Label1 和 Label2 将显示(　　　　)。

"Command1"按钮的 Click 事件代码如下:

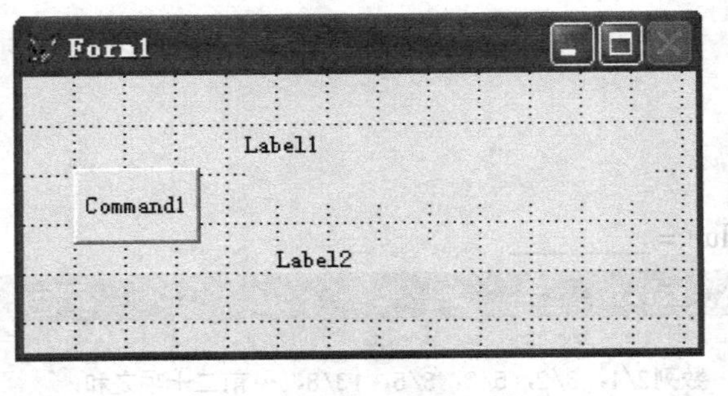

图 1-5-8　表单设计界面

```
S =0
X =1
Y =""
DO WHILE X < =10
    IF MOD(X,3) =0
        Y = Y +STR(X,2)
        S =S + X
    ENDIF
    X =X +1
ENDDO
thisform. label1. caption = y
thisform. label2. caption = allt(STR(S,4))
```

(2)设计如图 1-5-9 所示表单,文本框 Text1、Text2 的初值为 0。表单运行后,在文本框 Text1、Text2 中分别输入 5,4,单击“Command1”按钮后,文本框 Text1、Text2 分别输出(　　　)。

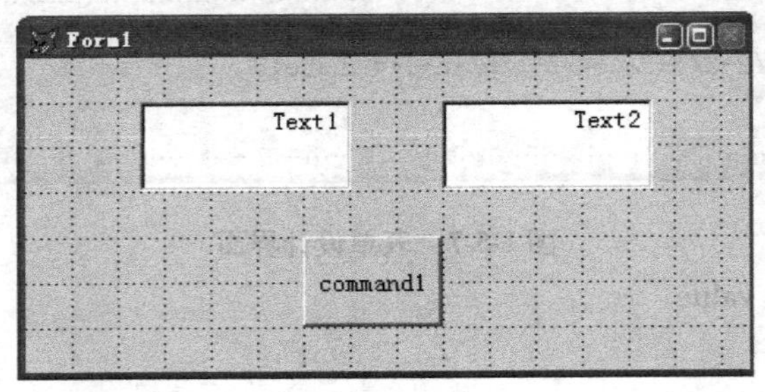

图 1-5-9　表单设计界面

“Command1”按钮的 Click 事件代码如下:

```
A = thisform. text1. value
B = thisform. text2. value
FOR i =1 to 5
  a = a + b
  b = a + b
  IF a >50
     a =2
```

```
        b = 4
      ENDIF
    ENDFOR
    thisform.text1.value = a
    thisform.text2.value = b
```

(3)利用文本框、标签控件和命令按钮控件设计如图 1-5-10 所示表单，Command1 控件的 Click 事件代码如下所示。执行该表单时，当向 Text1、Text2 中分别输入字符 18,42 后单击 Command1，则 Label2 处将显示什么内容？

"Command1"按钮的 Click 事件代码如下：

```
A = VAL(thisform.text1.value)
I = VAL(thisform.text2.value)
IF A < I
    TEMP = I
    I = A
    A = TEMP
ENDIF
DO WHILE I < > 0
      TEMPMIN = I
      I = A% I
      A = TEMPMIN
ENDDO
thisform.label2.caption = STR(A,4)
```

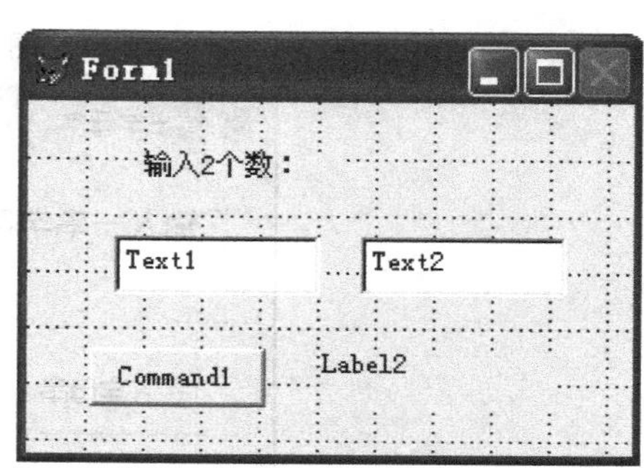

图 1-5-10　表单设计界面

实验 6　循环结构(2)

1. 实验目的

掌握比较复杂循环结构程序设计的方法，解决比较复杂的字符、数值计算的问题。

2. 实验任务

在 E 盘创建子文件夹：ex2－6，并将该文件夹设置为默认路径。

【任务 1】字符运算问题

(1)设计如图 1-6-1 所示表单，文件名为 BD6－1.scx。输入任意一串 ASCII 字符，找出其中的数字串并显示(如输入 F5U&y94jm，则显示 594)。

提示：从输入字符串的第一个字符开始逐个判断是否是数字。

(2)设计如图 1-6-2 所示表单，文件名为 BD6－2.scx。在文本框 Text1 中输入一串字符，找出其中的字母串并显示。

提示：从输入字符串的第一个字符开始逐个判断是否是字母(包括大写字母和小写字母)。

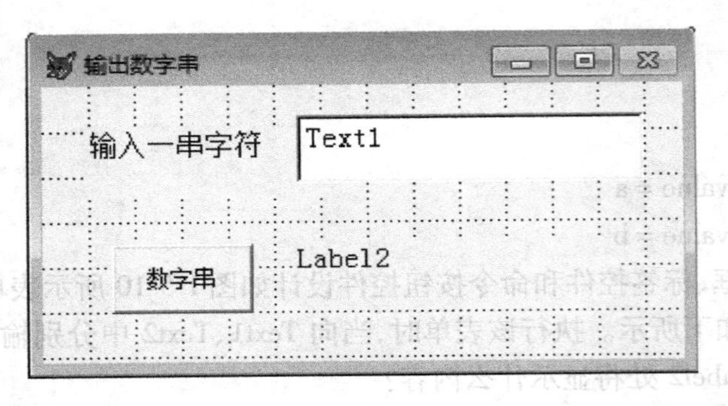

图 1-6-1 表单设计界面

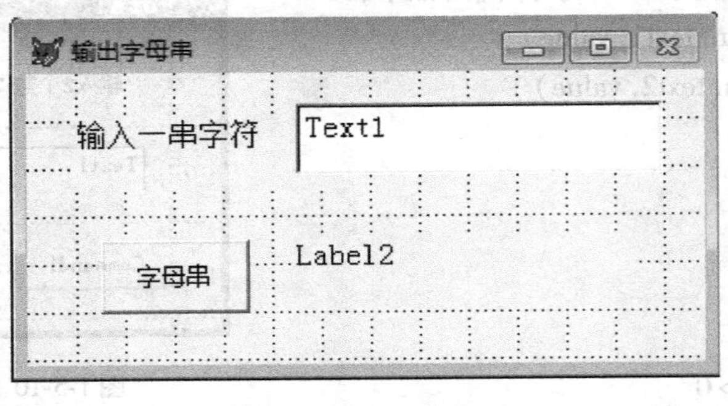

图 1-6-2 表单设计界面

(3)设计如图 1-6-3 所示表单,文件名为 BD6 - 3. scx。在文本框 Text1 中输入一串字符,统计其中字母和数字的个数。

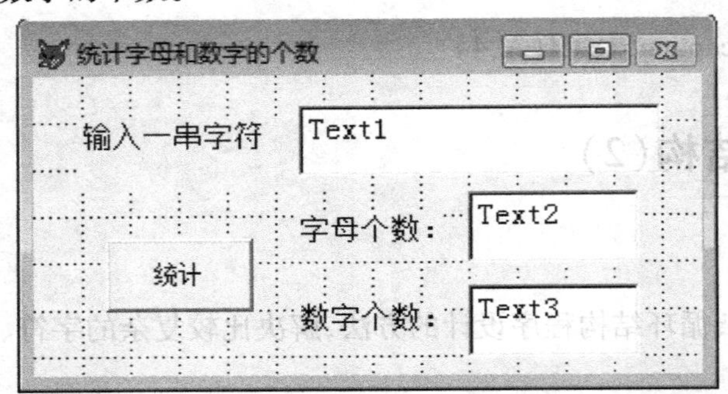

图 1-6-3 表单设计界面

☞ 提示:从输入字符串的第一个字符开始逐个判断是否是字母或数字,分别统计。

【任务 2】复杂的数值计算问题(单重循环结构编程)

(1)设计如图 1-6-4 所示表单,文件名为 BD6 - 4. scx。在文本框中输入一正整数 n (n>3),计算 1 + (1 +2) + (1 +2 +3) + ··· + (1 +2 + ··· +n)。

(2)设计如图 1-6-5 所示表单,文件名为 BD6 - 5. scx。在文本框 Text1 中输入一个正整数 n(n < =10),计算 1! +2! + ··· + n!,结果在文本框 Text2 中显示出来。

(3)设计如图 1-6-6 所示表单,文件名为 BD6 - 6. scx,完成如下计算:

$$C_m^n = C(m,n) = \frac{m!}{n!(m-n)!}$$

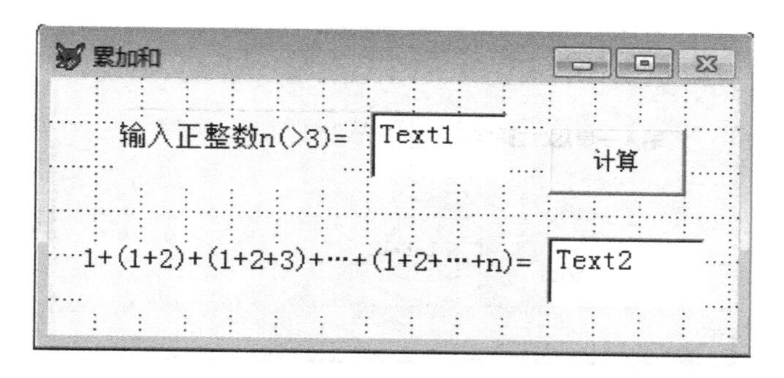

图 1-6-4　表单设计界面

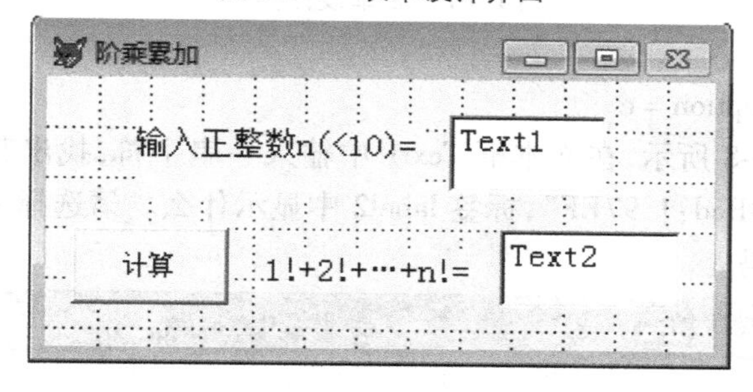

图 1-6-5　表单设计界面

其中，M 和 N 是正整数，且 $M>N$。

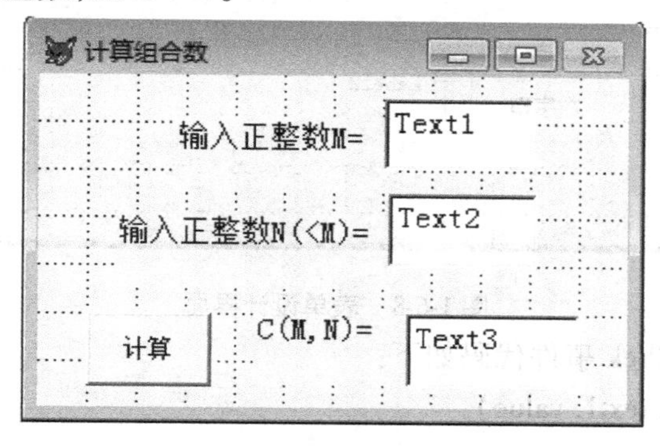

图 1-6-6　表单设计界面

☞ 提示：需要分别计算 3 个阶乘。

3. 习题

1）填空题

（1）设计如图 1-6-7 所示表单。其功能是表单运行时在文本框 Text1 输入一串 ASCII 码字符，单击“输出”命令按钮后，标签 Label2 中逆序显示该字符串。请将代码补充完整。

“输出”命令按钮的 Click 事件的程序代码如下：

```
x = alltrim(thisform.text1.value)
________
FOR i = len(x) to 1 step -1
   c = c + ________
```

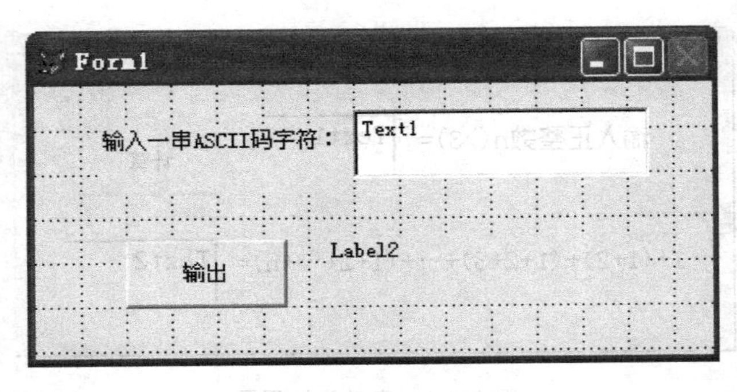

图 1-6-7 表单设计界面

```
ENDFOR
thisform.label2.caption = c
```

(2)表单如图 1-6-8 所示,在文本框 Text1 中输入一串字符,找出其中的数字串。如文本框中输入"a123 $#Bcd:! 97EF",标签 label2 中显示什么。请选择并完善以下"数字串"按钮的 Click 事件代码。

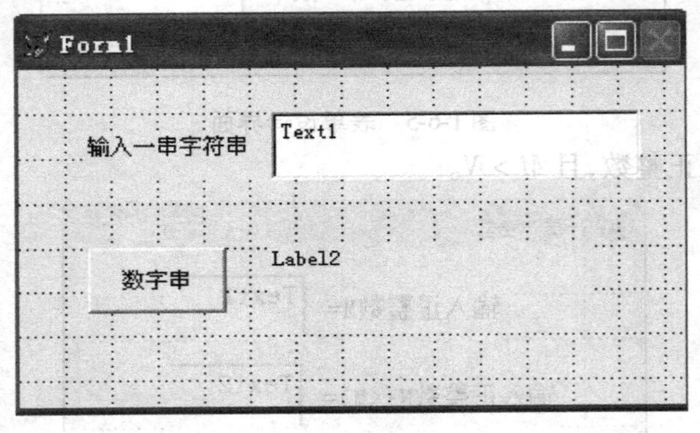

图 1-6-8 表单设计界面

"数字串"按钮的 Click 事件代码如下:

```
c = alltrim(thisform.text1.value)
y = ""
FOR i = 1 to len(c)
  c1 = substr(c,i,1)
  IF ________________
  y = y + c1
  ENDIF
ENDFOR
thisform.label2.caption = ________________
```

(3)设计如图 1-6-9 (a)所示的表单,表单运行后,在文本框 Text1 中输入任意一个正整数,单击"逆序显示"按钮,在标签 Label2 中逆序显示该数,如图 1-6-9 (b)所示。"逆序显示"按钮的 Click 事件代码如下,并填空完善程序。

"逆序显示"按钮的 Click 事件代码如下:

```
X = thisform.text1.value
```

```
________________
DO WHILE ________________
    S = S + STR(MOD(X,10),1)
    X = INT(X/10)
ENDDO
thisform.label2.caption = ________
```

(a)

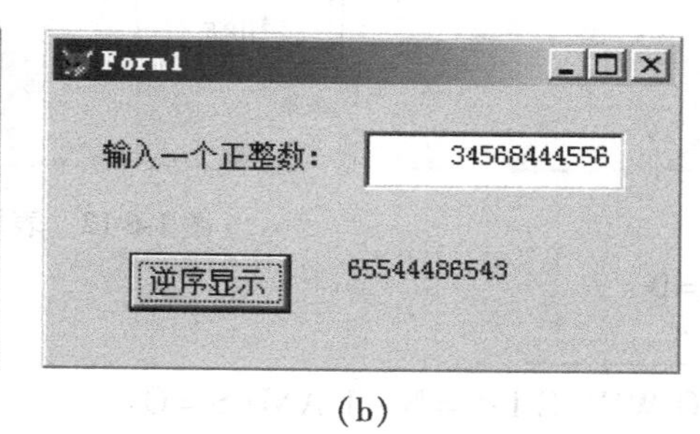

(b)

图 1-6-9　表单设计及运行界面

(4)表单运行后输出结果如图 1-6-10 所示。“Command1”按钮的 Click 事件代码如下，并填空完成该程序。

“Command1”按钮的 Click 事件代码如下：

```
X = "重庆夜景美"
Y = " "
DO  WHILE  LEN(x) > =4
      Y = Y + ________
      X = SUBSTR(X,3)
ENDDO
thisform.label2.caption = ________
```

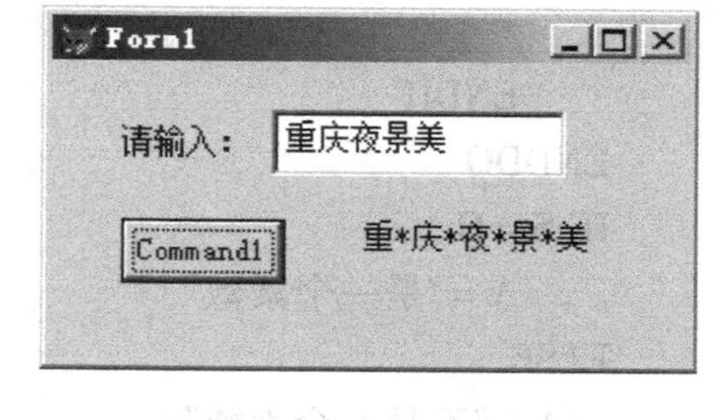

图 1-6-10　表单设计界面

(5)设计如图 1-6-11 所示表单，表单运行后，在文本框中输入一个正整数，单击“判断”按钮，即可弹出一个判断是否为素数的提示框，如图 1-6-12 所示。请填空完成(素数又称质数，是指除了 1 和该数本身之外，不能被其他任何数整除的数)。

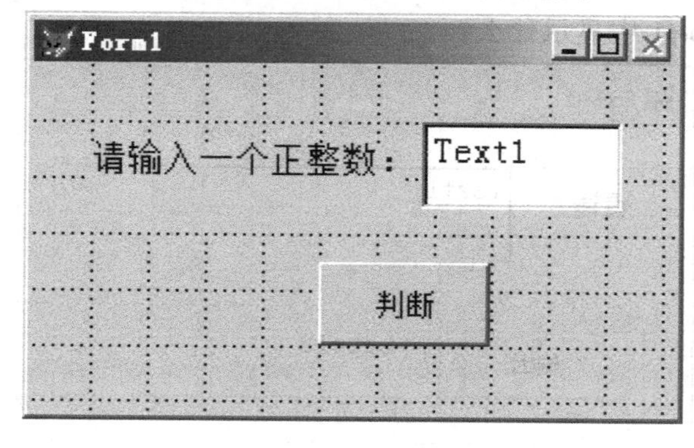

图 1-6-11　表单设计界面

“判断”命令按钮的 Click 事件代码如下：

```
N = VAL(thisform.text1.value)
```

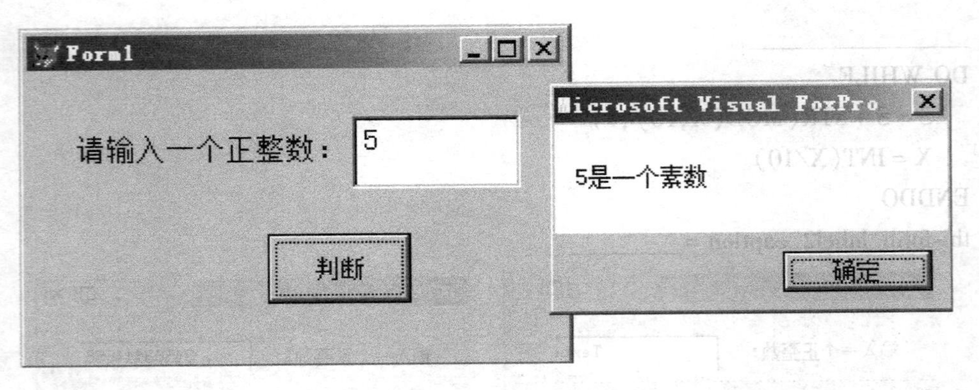

图 1-6-12　表单运行界面

```
S = 0
________
DO WHILE I < = N - 1 AND S = O
  IF N% I = O
    S = 1
  ELSE
  ________
    ENDIF
ENDDO
IF S = O
    A = "是一个素数"
ELSE
  A = "不是一个素数"
ENDIF
MESSAGEBOX(________)
```

2) 读程序写结果

(1) 设计如图 1-6-13 所示表单，表单运行后在文本框 Text1 中输入：重庆夜景美，单击"输出"按钮，标签 Label1 中显示什么？

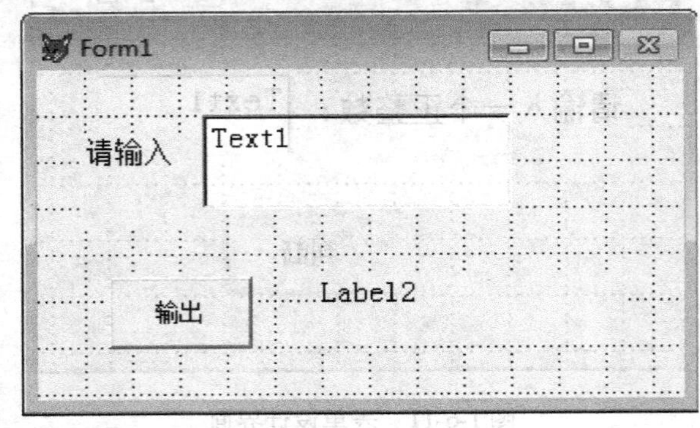

图 1-6-13　表单设计界面

"输出"按钮的 Click 事件代码如下：

```
X = ""
Y = " "
DO  WHILE  LEN(x) > =4
   Y = Y + left(x,2) + "@"
   X = SUBSTR(X,3)
ENDDO
thisform. label2. caption = y + x
```

(2)设计如图1-6-14所示表单,表单运行后,在文本框Text1中输入任意一个正整数:65893,单击“显示”按钮,在标签Label2中将显示什么?

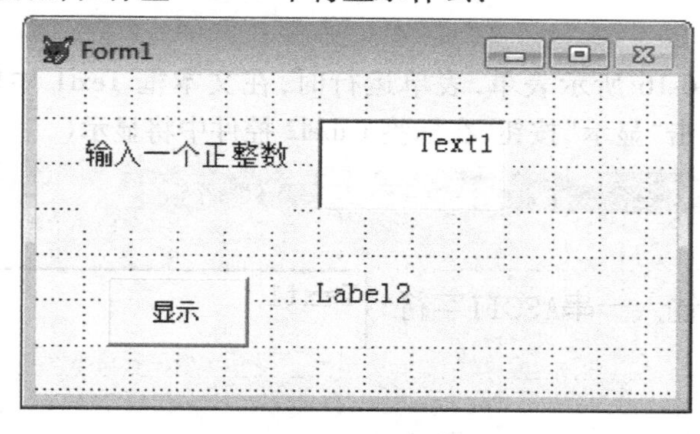

图1-6-14 表单设计界面

“显示”按钮的Click事件代码如下:

```
X = thisform. text1. value
S = ""
DO WHILE x >0
   S = S + STR( MOD(X,10) ,1)
   X = INT(X/10)
ENDDO
thisform. label2. caption = S
```

(3)某表单程序设计界面如图1-6-15所示,文本框Text1和Text2初值为0。当在文本框Text1,Text2中输入3和2后,单击“计算”按钮,文本框Text3—Text6中显示的内容分别是什么?

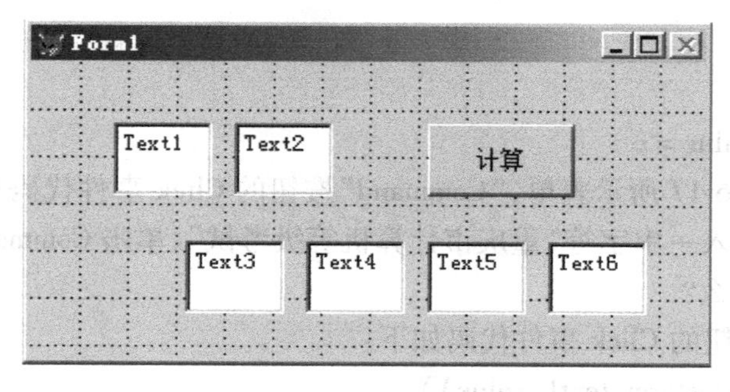

图1-6-15 表单设计界面

“计算”按钮的 Click 事件代码如下：

```
x = thisform. text1. value
y = thisform. text2. value
FOR n =3  to 6
    a = 'thisform. text' + str(n,1) + '. value = x + y'
    &a
    z = x + y
    x = y
    y = z
ENDFOR
```

(4)设计如图 1-6-16 所示表单，表单运行时，在文本框 Text1 中输入 ASCⅡ字符串“FZG54jdf457Ae”，单击“显示”按钮，在标签 Label2 控件中将显示(　　　　)。

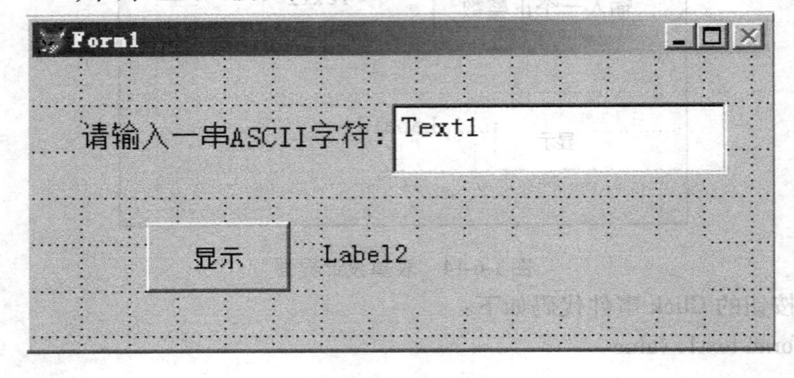

图 1-6-16　表单设计界面

“显示”按钮的 Click 事件代码如下：

```
X = thisform. text1. value
C = ""
FOR i =1  to len(x)
   A = substr(x,i,1)
   IF a > = "0" and a < = "9"
      a = "?"
   ENDIF
   C = c + a
ENDFOR
thisform. text2. value = c
```

(5)设计如图 1-6-17 所示表单，“Command”按钮的 Click 事件代码如下。表单运行后，在文本框 Text1 中输入一串字符“重庆市计算机等级考试”，单击 Command1 命令按钮，文本框 Text2 中将显示什么?

“Command1”按钮的 Click 事件代码如下：

```
X = len( alltrim( thisform. text1. value) )
FOR i =1  to int(x/2)
```

```
S =""
IF i/2 < >int(i/2)
   S = s + substr(alltrim(thisform. text1. value),I,2)
ENDIF
ENDFOR
thisform. text2. value = S
```

(6)设计如图 1-6-18 所示表单。运行表单,文本框 Text1 已经输入一串文字,单击“转换”按钮后,文本框的值将变成什么?

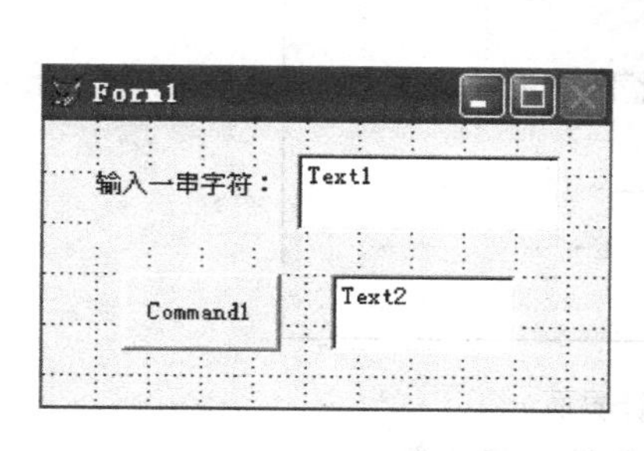

图 1-6-17 表单设计界面

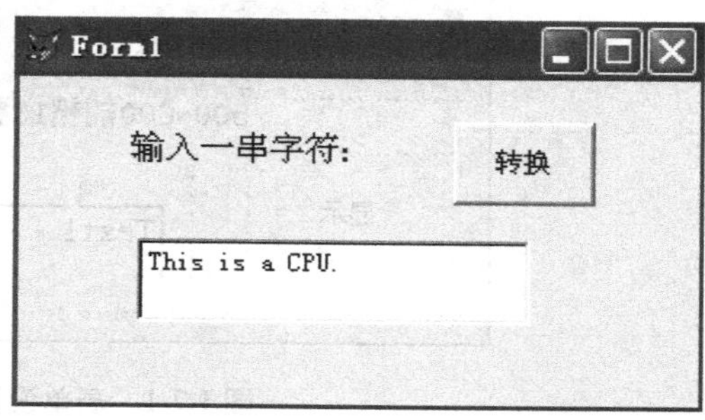

图 1-6-18 表单设计界面

“转换”命令按钮的 Click 事件代码如下:

```
N = LEN(thisform. text1. value)
Y ="
DO WHILE N >0
     X = SUBSTR(thisform. text1. value,N,1)
     IF ASC(X) > = ASC('A')
          X = UPPER(X)
     ELSE
          X = LOWER(X)
     ENDIF
     Y = X + Y
N = N - 1
ENDDO
thisform. text1. value = Y
```

实验 7 循环辅助语句与多重循环

1. 实验目的

- 掌握循环辅助语句 LOOP、EXIT 的用法。
- 理解循环嵌套的实现过程。
- 了解多重循环的控制方式。

2. 实验任务

在E盘创建子文件夹:ex2 -7,并将该文件夹设置为默认路径。

【任务1】循环辅助语句的使用

(1)设计如图1-7-1所示表单,文件名为:BD7 -1. scx。表单运行后,单击"显示"按钮,将500 ~600能被13整除的最大数显示在文本框Text1中。

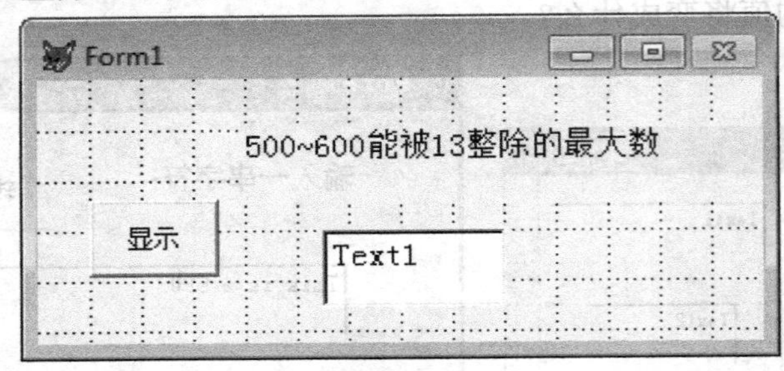

图1-7-1　表单设计界面

☞ 提示:从600开始逐一判断,找到的第一个数就是最大数。

(2)设计如图1-7-2所示表单,文件名为:BD7 -2. scx。计算100以内所有不能被7整除的数之和(利用LOOP语句实现)。

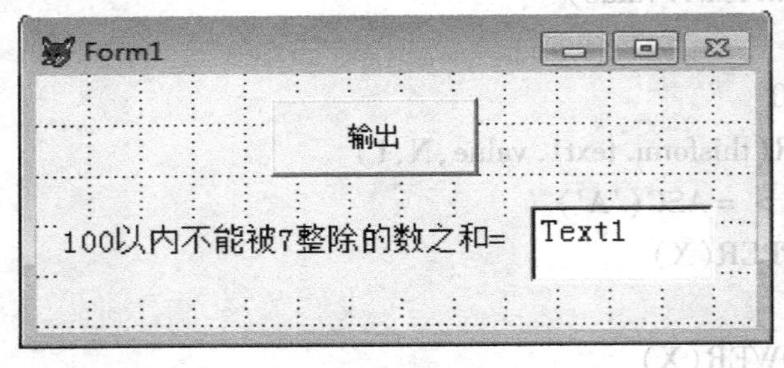

图1-7-2　表单设计界面

【任务2】多重循环程序设计

(1)设计如图1-7-3所示表单,文件名为BD7 -3. scx。在文本框中输入一正整数n(n >3),计算1 +(1 +2) +(1 +2 +3) +… +(1 +2 +… +n),结果在文本框Text2中显示出来。

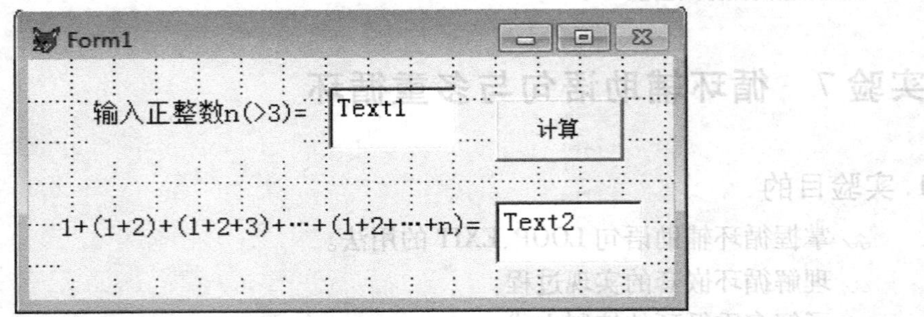

图1-7-3　表单设计界面

(2)设计如图 1-7-4 所示表单,文件名为 BD7 -4.scx。在文本框 Text1 中输入一个奇数 n(n<10),计算 1! +3! +…+n!,结果在文本框 Text2 中显示出来。

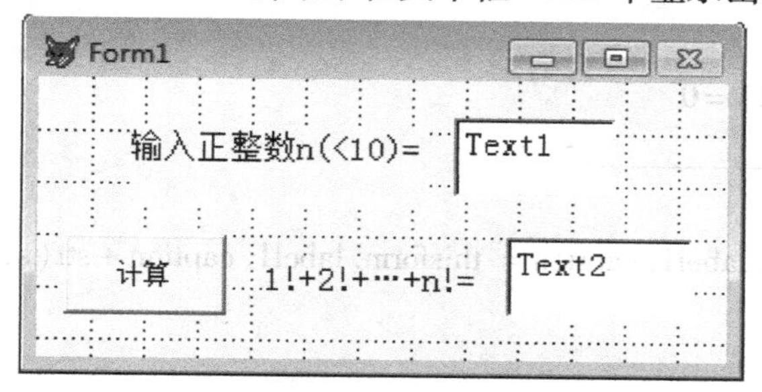

图 1-7-4 表单设计界面

(3)设计如图 1-7-5 所示表单,文件名为 BD7 -5.scx。在文本框 Text1 中输出 100 以内的素数之和。

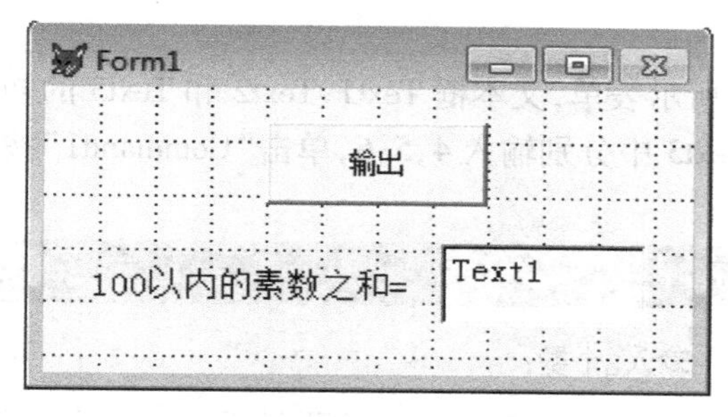

图 1-7-5 表单设计界面

☞ 提示:判断一个数 x 是素数的方法是用 $2 \sim x^{-1}$(或 $2 \sim \sqrt{x}$)之间的每一个整数去除该数,若均不能整除,则该数为素数。

3. 习题

1)填空题

设计如图 1-7-6 所示表单,表单运行后,单击"运行"按钮后,标签 Label1 的显示结果为:5 15 25。请填空完善程序。

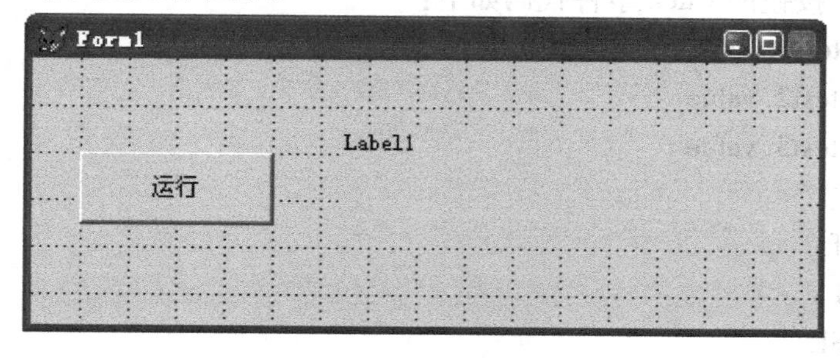

图 1-7-6 表单设计界面

"运行"按钮的 Click 事件代码如下:

```
T =0
S =0
```

```
DO WHILE .T.
    T = T + 1
    S = 5 * T
    IF MOD(T,2) = 0
        ________________
    ELSE
        thisform.label1.caption = thisform.label1.caption + str(s,4)
  ENDIF
  IF S > = 25
        ________________
  ENDIF
ENDDO
```

2)读程序写结果

(1)设计如图 1-7-7 所示表单，文本框 Text1、Text2 和 Text3 的初值为 0，表单运行后，在文本框 Text1、Text2 和 Text3 中分别输入 4,5,6，单击"Command1"按钮，文本框 Text4、Text5 中的显示结果是什么？

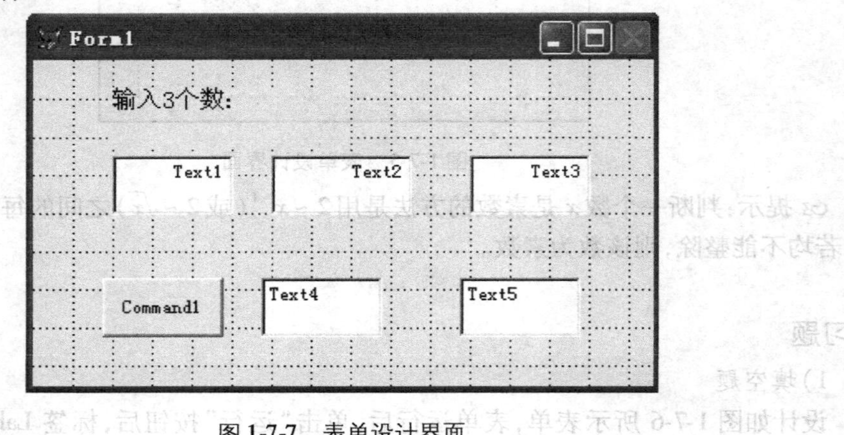

图 1-7-7　表单设计界面

"Command1"按钮的 Click 事件代码如下：

```
a = thisform.text1.value
b = thisform.text2.value
n = thisform.text3.value
f = .T.
DO WHILE f
    a = a + 1
    DO CASE
      CASE INT(a/3) < > a/3
          b = b + a
      CASE a < = 10
          n = n + 1
```

```
        CASE a > 10
            EXIT
    ENDCASE
ENDDO
thisform. text4. value = n
thisform. text5. value = b
```

(2)设计如图 1-7-8 所示表单,运行表单后,单击"Command1"按钮,标签 Label1 中显示的内容是什么?

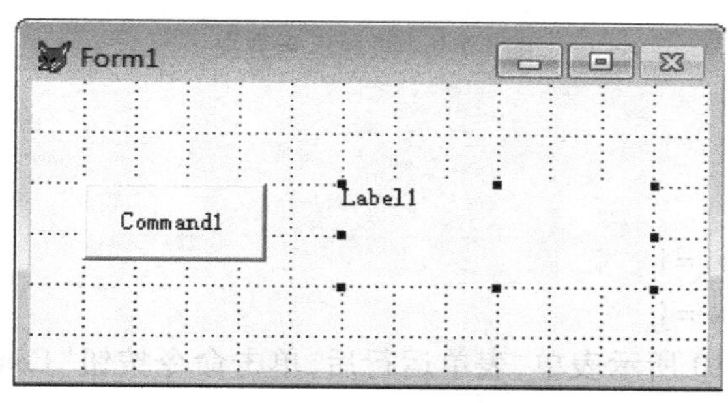

图 1-7-8　表单设计界面

"Command1"按钮的 Click 事件代码如下:

```
Y = 20
X = ""
DO WHILE .T.
    Y = Y + 2
    DO CASE
        CASE  Y/4 = INT(Y/4)
            X = X + STR(Y,3)
        CASE Y > 30
            EXIT
    ENDCASE
ENDDO
thisform. label1. caption = X
```

(3)设计如图 1-7-9 所示表单,表单运行时,在文本框 Text1、Text2 中分别输入 2 和 10,单击"计算"命令按钮后,两个文本框(Text1、Text2)中分别显示的结果是什么?

"计算"按钮的 Click 事件代码如下:

```
i = thisform. text1. value
j = thisform. text2. value
Do WHILE j < 19
    i = i + j
    j = j + 2
    IF i > 30
```

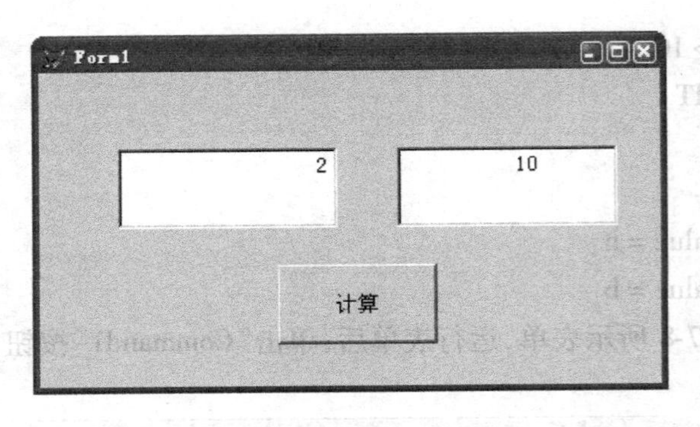

图 1-7-9　表单运行界面

```
        EXIT
      ENDIF
   ENDDO
   thisform.text1.value = i
   thisform.text2.value = j
```

(4)设计如图 1-7-10 所示表单,表单运行后,单击命令按钮"Command1",标签 Label1 将显示什么?

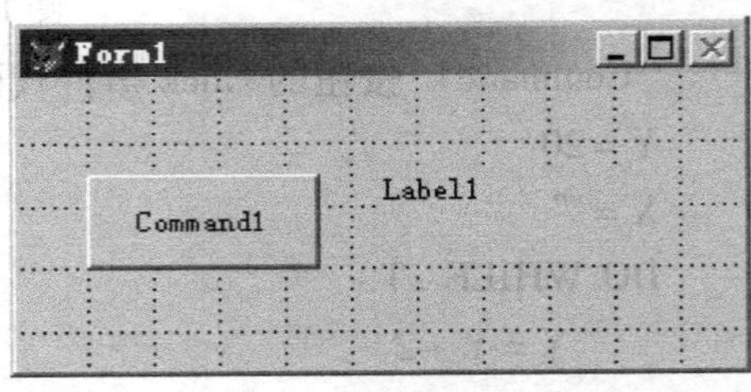

图 1-7-10　表单设计界面

"Command1"按钮的 Click 事件代码如下:

```
i = 3
DO WHILE i < 6
    j = 2
    DO WHILE j < = i - 1
        IF INT(i/j) = i/j
            EXIT
        ENDIF
        j = j + 1
    ENDDO
    i = i + 1
ENDDO
X = "i = " + ALLTRIM(STR(i)) + " " + "j = " + alltrim(str(j))
thisform.label1.caption = X
```

(5)设计如图 1-7-11 所示表单,文件名为 BD7 - 11.xcs。表单运行后,单击命令按钮"Command1",标签 Label1 和文本框 Text1 将显示什么?

"Command1"按钮的 Click 事件代码如下:

```
SU = 0
C = ""
FOR i = 1 TO 5
        t = 0
        FOR j = 1 TO i
            t = t + j
```

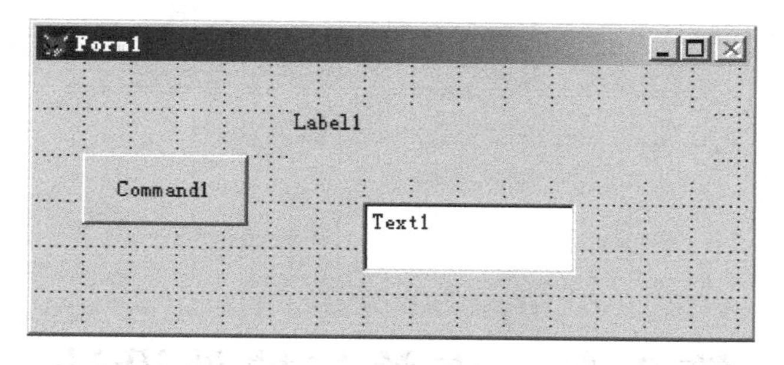

图 1-7-11　表单设计界面

```
        C = C + STR(j,1) +" +"
    ENDFOR
    IF i = 5
        C = C + ∮ '='
    ENDIF
      SU = SU + T
ENDFOR
thisform. label1. caption = C
thisform. text1. value = SU
```

3)表单设计

设计如图 1-7-12 所示表单,表单运行后,输入足够大的 n,找出小于 n 的最大素数。

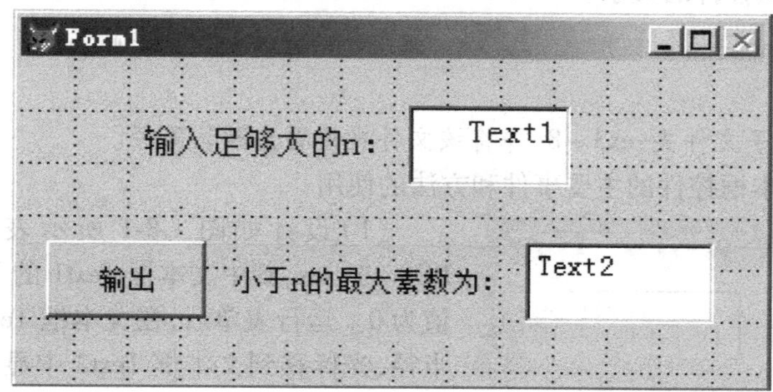

图 1-7-12

第3章　表单与控件设计

实验8　常用控件的使用(1)

1. 实验目的

- 掌握常用控件的主要事件和方法的使用。
- 掌握计时器、组合框控件的使用。
- 理解表单、控件的关系。

2. 实验任务

在E盘创建子文件夹:ex3－8,并将该文件夹设置为默认路径。

【任务1】文本框控件的主要事件和方法的使用

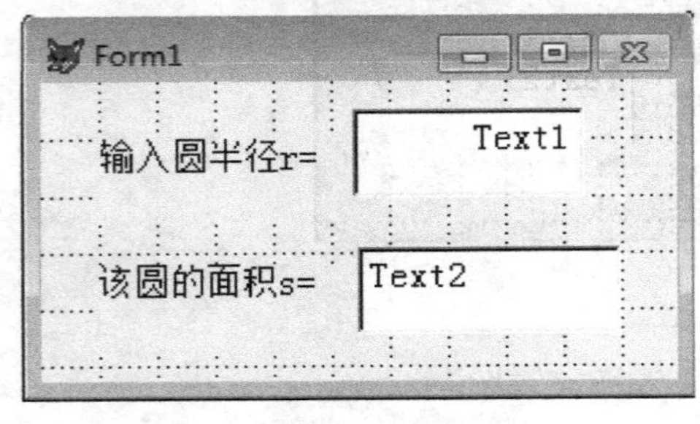

图1-8-1　表单设计界面

(1)设计如图1-8-1所示表单,文件名为:BD8－1.scx,其中文本框Text1的Value属性的初值为0。运行表单后,在文本框Text1中输入圆的半径,光标移到文本框Text2中显示圆的面积,然后光标停留在文本框Text1中。

(2)设计如图1-8-2所示表单,文件名为:BD8－2.scx,其中文本框Text1的Value属性的初值为0。表单运行后,在文本框Text1中输入一个偶数N,光标移到文本框Text2中可以计算数列2,4,6,…,N的平方和,结果显示在文本框Text2中。

(3)设计如图1-8-3所示的简易登录表单,文件名为:BD8－3.scx。表单运行后,用户输入密码(密码显示为“＊”),按回车键,验证登录是否成功。如果成功,则弹出提示框显示“验证成功”,如图1-8-3所示;否则弹出提示框显示“用户名或密码不正确,请重新输入!”。(假设王平的密码为“abc”;赵柳的密码为“123”;吴梅的密码为“x56”)

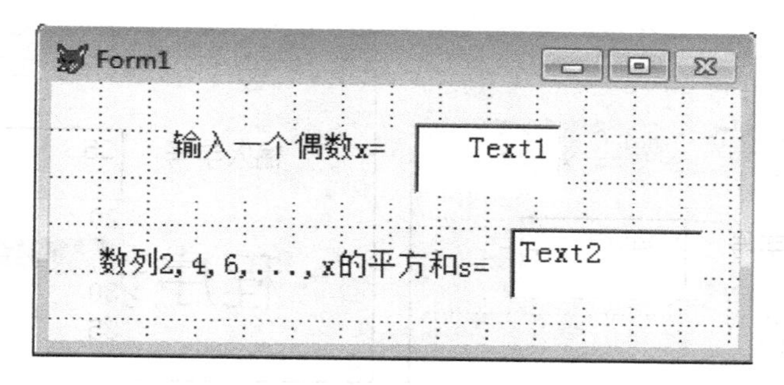

图 1-8-2　表单设计界面

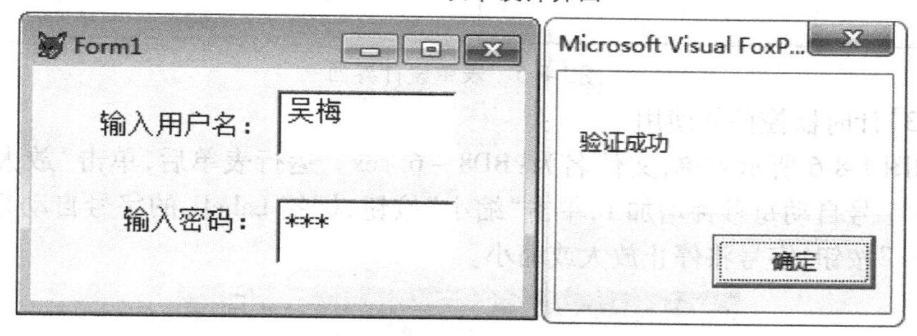

图 1-8-3　表单设计界面

【任务 2】组合框控件的使用

(1)设计如图 1-8-4 所示表单,文件名为:BD8 - 4. scx。运行表单后,在文本框 Text1、Text2 中各输入一个数,在组合框 Combo1 中选择一个符号,光标移到第 3 个文本框中显示计算结果。

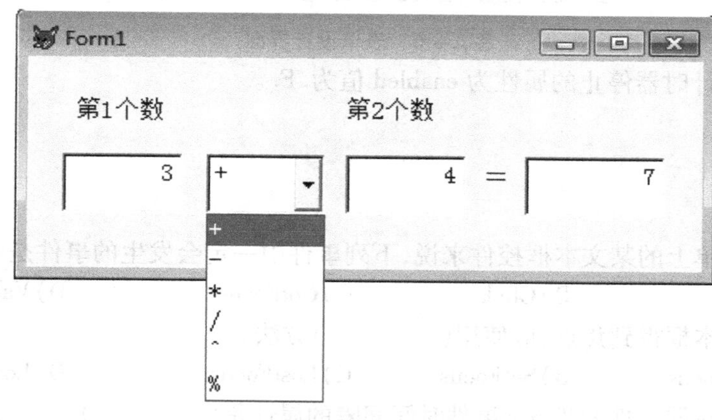

图 1-8-4　表单设计界面

☞ 提示 1:可以利用 & 函数完成。

☞ 提示 2:表单中的等号为全角符号。

(2)设计如图 1-8-5 所示表单,文件名为:BD8 - 5. scx。运行表单后,在组合框 Combo1 中选择一个字号,标签 Label2 变为相应的字号。

☞ 提示:设置标签字号的属性为 fontsize,数值型。

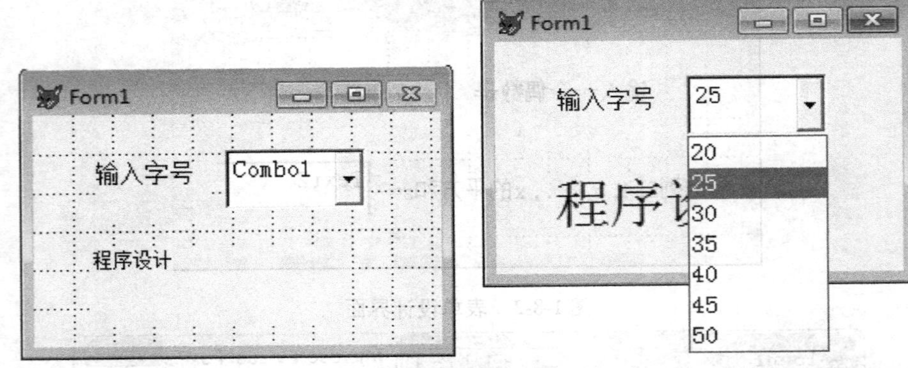

图 1-8-5　表单设计界面

【任务 3】计时器控件的使用

设计如图 1-8-6 所示表单，文件名为：BD8－6. scx。运行表单后，单击“放大”按钮，标签 Label1 的字号自动每秒钟增加 1，单击“缩小”按钮，标签 Label1 的字号自动每秒钟减小 1，单击“停止”按钮，字号将停止放大或缩小。

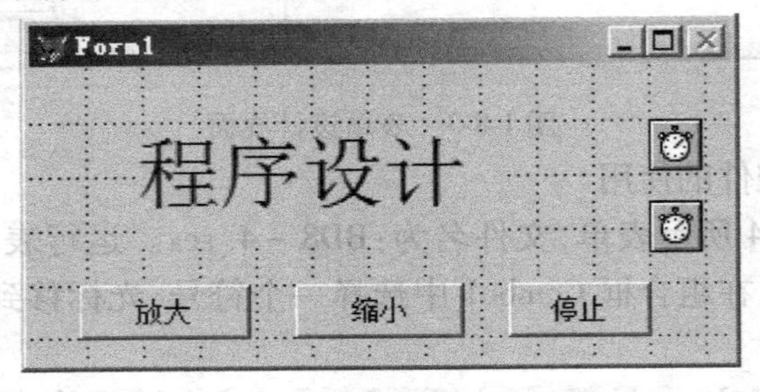

图 1-8-6　表单设计界面

☞ 提示：让计时器停止的属性为 enabled 值为. F. 。

3. 习题

1）选择题

（1）对于表单上的某文本框控件来说，下列事件中一定会发生的事件是（　　　　）。

A）Init　　B）Click　　C）GotFocus　　D）Valid

（2）要使文本框得到焦点，应使用（　　　　）方法。

A）GotFocus　　B）SetFocus　　C）LostFocus　　D）LoadFocus

（3）指定计时器控件的 Timer 事件时间间隔的属性是（　　　　）。

A）Enabled　　B）Interval　　C）Parent　　D）Visible

（4）在 VFP 常用的基类中，运行时不可见的是（　　　　）。

A）命令按钮组　　B）复选框　　C）表格　　D）计时器

（5）在表单中有 3 个文本框 Text1、Text2 和 Text3，表单运行后，分别在 Text1 和 Text2 中输入数据，要求右键单击文本框 Text3 时能自动计算出两个数据之和，则程序代码应放在文本框 Text3 的（　　　　）事件中。

A）click　　B）gotfocus　　C）rightclick　　D）valid

（6）VFP 中，下面关于属性、方法和事件的叙述错误的是（　　　　）。

A)属性用于描述对象的状态,方法用于表示对象的行为

B)基于同一个类产生的两个对象可以分别设置自己的属性值

C)在创建一个表单时,可以添加新的属性、方法和事件

D)事件代码也可以像方法一样被显式调用

(7)在 VFP 中,组合框分为(　　　　)。

A)下拉选项框和下拉列表框　　B)下拉选项框和下拉组合框

C)下拉列表框和下拉组合框　　D)列表框和下拉组合框

(8)VFP 表单 InteractiveChange 事件的含义是(　　　　)。

A)在对象接受焦点时

B)在使用键盘或鼠标更改对象时

C)在对象的位置发生改变时

D)在对象的尺寸发生改变时

(9)在表单中要选定多个控件,应按(　　　　)键。

A)Ctrl　　B)Shift　　C)A1t　　D)Tab

(10)PasswordChar 属性仅适用于(　　　　)。

A)组合框　　B)文本框　　C)列表框　　D)复选框

(11)将文本框的 PasswordChar 属性值设置为星号(*),那么,当在文本框中输入“我的 2014”时,文本框中显示的是(　　　　)。

A)我的 2014　　B)******

C)********　　D)错误设置,无法输入

(12)下面属于表单方法名(非事件名)的是(　　　　)。

A)Init　　B)Release　　C)Load　　D)Caption

(13)运行程序时,对象的初始化事件是(　　　　)。

A)lostfocus　　B)destroy　　C)init　　D)click

(14)启动表单后,使文本框 Text1 的数据能显示但不能被用户修改,应设计表单的 INIT 事件代码为(　　　　)。

A)Thisform. text1. readonly = . T.

B)Thisform. text1. readonly = . F.

C)Thisform. text1. visible = . T.

D)Thisform. text1. VISIBLE = . F.

(15)设计如图 1-8-7 所示表单,表单中文本框 Text1 的初值为 0。在 Text1 中输入正整数“20140426”后,按回车键后,在 Text2 中显示的结果是(　　　　)。

文本框 Text1 的 LostFocus 事件代码如下:

x = thisform. text1. value

y =0

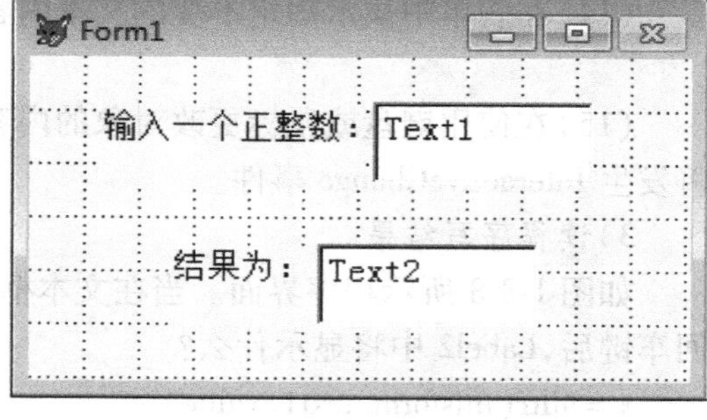

图 1-8-7　表单设计界面

```
DO WHILE x < > 0
  r = x% 10
  y = y * 10 + r
  x = int(x/10)
ENDDO
thisform.text2.value = y
```

A)62404102　　B)19　　C)"62404102"　　D)"19"

2)判断题

(1)PasswordChar 属性常用于用户输入密码或口令时对输入的字符进行屏蔽,是文本框、组合框等控件最常用的属性之一。（　）

(2)表单具有很多不同的属性,其中,用于控制其标题栏显示内容的属性为 NAME。（　）

(3)在面向对象程序设计中,每种对象所能识别的事件不是固定的,用户可以根据需要进行事件的设计和添加。（　）

(4)要设置调用 Timer 事件的时间间隔为 1 s,应把计时器控件的 Interval 属性值设置为 1 000。（　）

(5)在容器对象的嵌套层次中,事件的处理遵循独立性的原则,即每个对象识别并处理属于自己的事件。（　）

(6)根据同一个类产生的两个对象可以分别设置自己的属性值。（　）

(7)根据同一个类产生的两个对象的同名属性的属性值是相同的。（　）

(8)用户可以自己新建事件和方法。（　）

(9)在表单运行时,要改变表单的标题为"你好",可将表单的 Load 事件代码变为 this.caption = "你好"。（　）

(10)将文本框与表中的某一字段绑定应该设置文本框的 RecordSource 属性。（　）

(11)表单的 Init 事件是表单运行时,第一个触发的事件。（　）

(12)Load 事件在创建表单之前发生,该事件代码从表单装入内存至表单被释放期间只运行一次。（　）

(13)在表单中确定控件是否可见是将控件的 Enabled 属性的值设置为逻辑真。（　）

(14)在表单中显示固定不变的文本内容时,可以利用表单的标签控件来实现。（　）

(15)在使用键盘或鼠标更改对象的内容时,将发生 GotFocus 事件,在对象接受焦点时将发生 InteractiveChange 事件。（　）

3)读程序写结果

如图 1-8-8 所示程序界面。当在文本框 Text1 中输入一串文字"Open The Window",按回车键后,Label2 中将显示什么?

```
x = alltr(thisform.text1.value)
n = len(x)
s = ""
```

```
m = n
DO WHILE m > =1
  a = substr(x,m,1)
  IF asc ( a ) > = 65 and asc ( a ) < =91
  s = s + a
  ENDIF
  m = m - 1
ENDDO
thisform. label2. caption = s
```

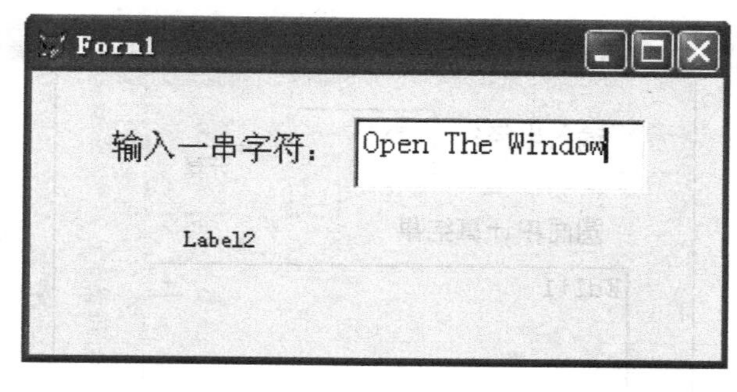

图 1-8-8　表单设计界面

实验 9　常用控件的使用(2)

1. 实验目的

- 掌握常用控件的主要事件和方法的使用。
- 掌握命令按钮组、编辑框、列表框、复选框、选项按钮组控件的使用。
- 进一步理解表单、控件的关系。

2. 实验任务

在 E 盘创建子文件夹:ex3 - 9,并将该文件夹设置为默认路径。

【任务 1】编辑框控件的使用

(1)设计如图 1-9-1(a)所示表单,文件名为:BD9 - 1. scx。运行表单后,单击“输出”按钮,在编辑框中显示 100 以内能被 3 整除的数,每行显示 5 个数,如图 1-9-1(b)所示。

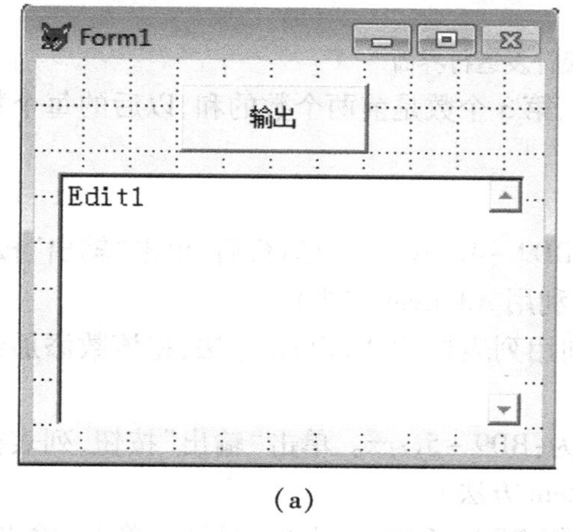

(a)

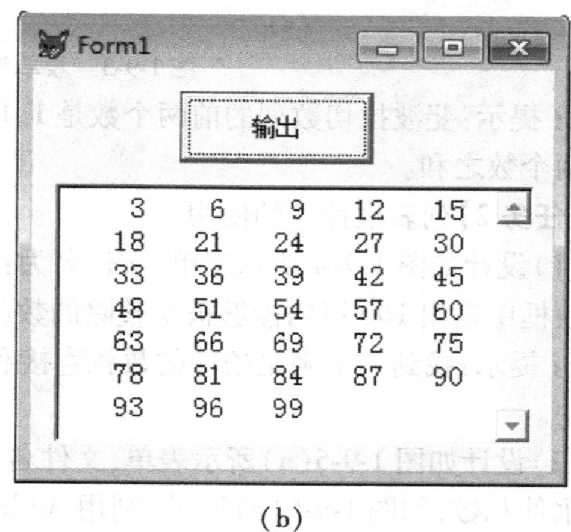

(b)

图 1-9-1　表单设计及运行界面

(2)设计如图 1-9-2(a)所示的圆面积计算表单,文件名为:BD9 - 2. scx。表单运行后,能将计算过的所有数据都显示在编辑框中,如图 1-9-2(b)所示,编辑框内的文字只读。每添加完一行数据后,清空文本框 Text1 的内容,并将光标置于该文本框中。

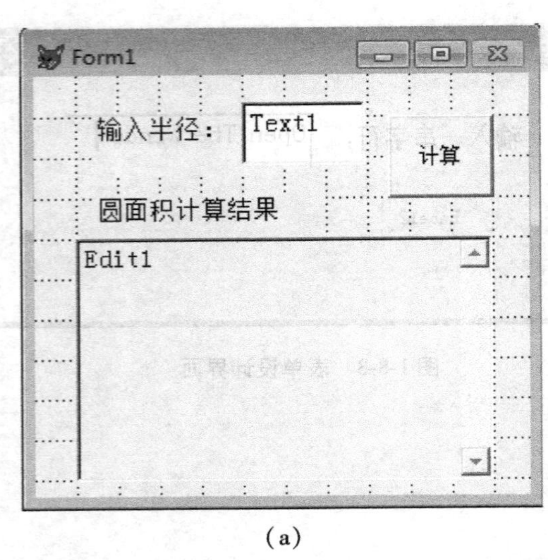

(a)

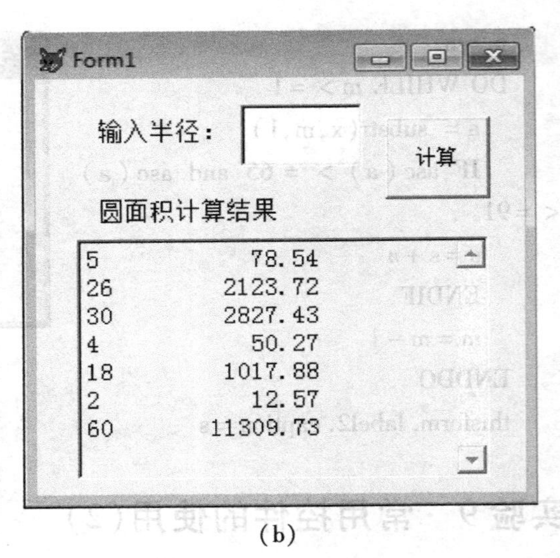

(b)

图 1-9-2　表单设计及运行界面

(3)设计如图 1-9-3(a)所示表单,文件名为:BD9 - 3. scx。运行表单后,单击“输出”按钮,在编辑框中输出斐波拉切数列的前 20 项,每行显示 5 个数,如图 1-9-3(b)所示。

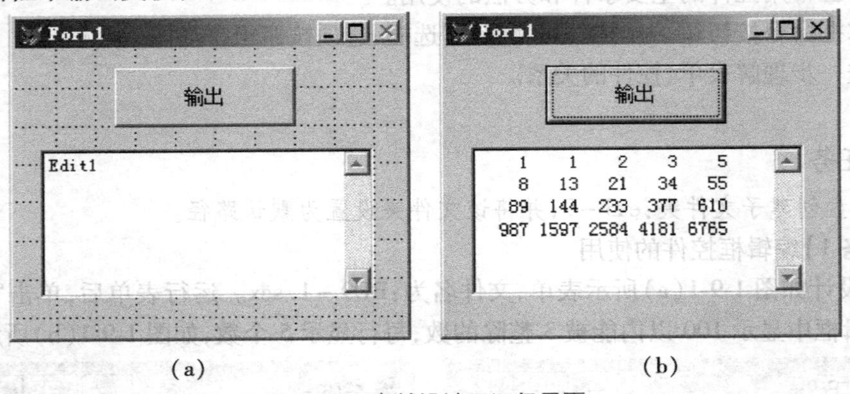

(a)　(b)

图 1-9-3　表单设计及运行界面

☞ 提示:斐波拉切数列的前两个数是 1,1,第 3 个数是前两个数的和,以后的每个数都是前两个数之和。

【任务 2】列表框控件的使用

(1)设计如图 1-9-4 所示表单,文件名为:BD9 - 4. scx。表单运行后,单击“输出”按钮,在列表框中输出 100 以内能够被 9 整除的数(利用 AddItem 方法)。

☞ 提示:找到一个满足条件的数就直接利用列表框的 AddItem 方法,将该数添加到列表框中。

(2)设计如图 1-9-5(a)所示表单,文件名为:BD9 - 5. scx。单击“输出”按钮,列表框中输出水仙花数,如图 1-9-5(a)所示(利用 AddItem 方法)。

(3)设计如图 1-9-6(a)所示表单,文件名为:BD9 - 6. scx。表单运行后,单击“输出”按钮,在列表框中输出 100 以内能被 9 整除的数,每行显示 4 个数,如图 1-9-6(b)所示(利用 AddListItem 方法)。

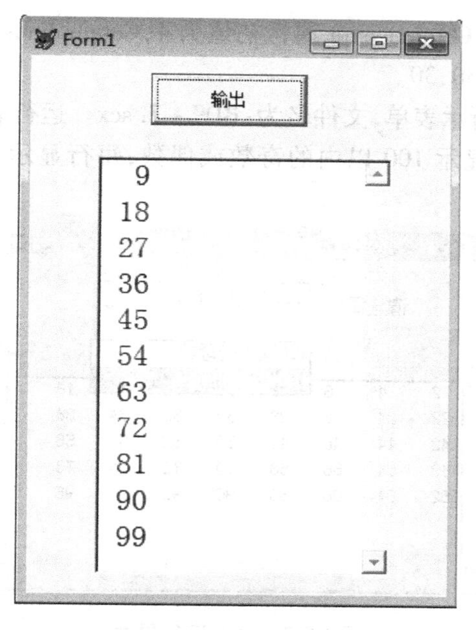

图 1-9-4　表单运行界面

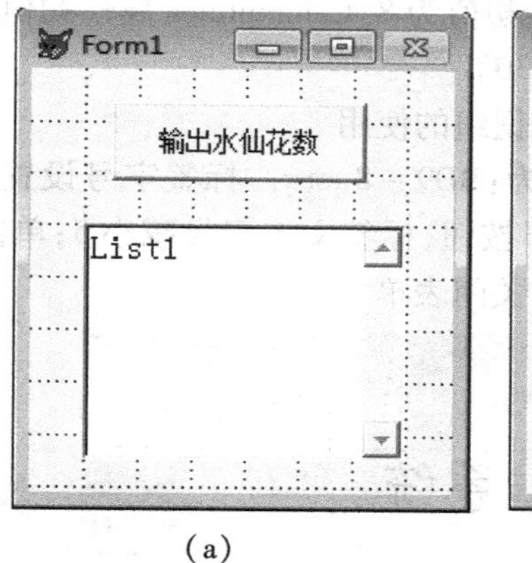

(a)

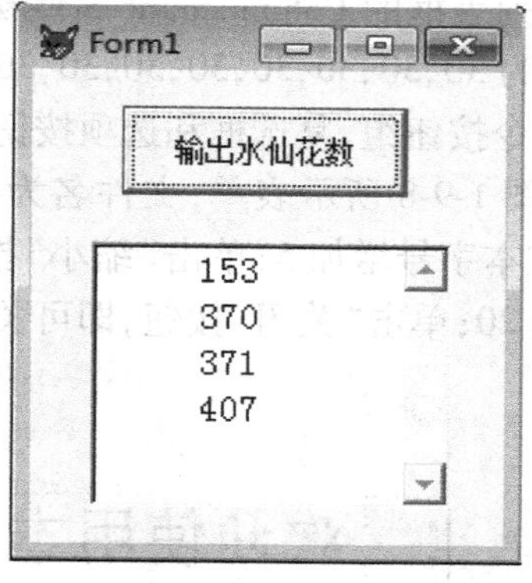

(b)

图 1-9-5　表单设计及运行界面

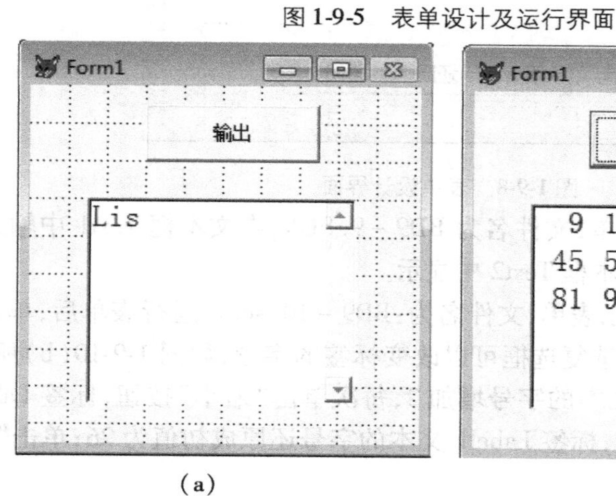

(a)

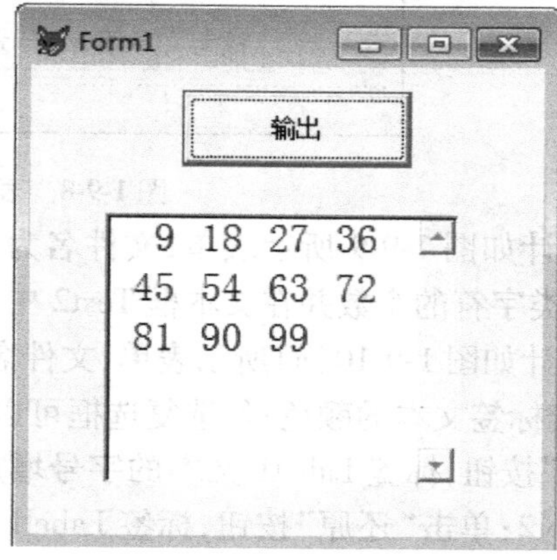

(b)

图 1-9-6　表单设计及运行界面

☞ 提示:将列表框的 Columncount 属性初值为 4,Columnlines 属性初值为. F. ,Columnwidths 属性初值为 30,30,30,30。

(4)设计如图 1-9-7 所示表单,文件名为:BD9 - 7. scx。运行表单后,在组合框 Combo1 中选择,分别在列表框中显示 100 以内的奇数或偶数,每行显示 8 个数(利用 AddListItem 方法)。

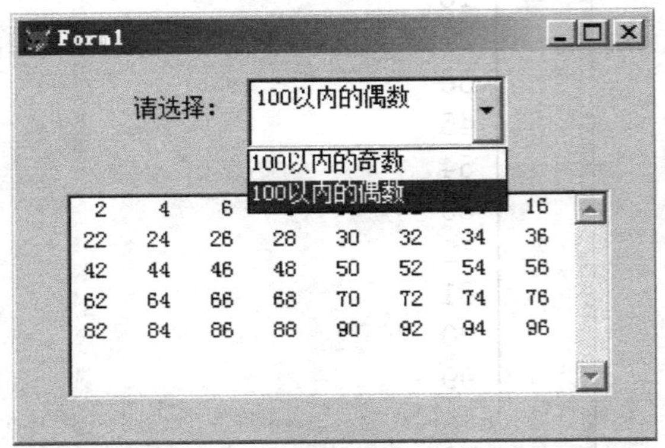

图 1-9-7 表单运行界面

☞ 提示:将列表框的 Columncount 属性初值为 8,Columnlines 属性初值为. F. ,Columnwidths 属性初值为 30,30,30,30,30,30,30,30。

【任务 3】命令按钮组、复选框和选项按钮组的使用

(1)设计如图 1-9-8 所示表单,文件名为:BD9 - 8. scx。标签字号设置为 20,单击"放大"按钮,标签文本字号增加 5;单击"缩小"按钮,标签文本字号减小 5;单击"还原"按钮,标签文本字号为 20;单击"关闭"按钮,即可关闭表单。

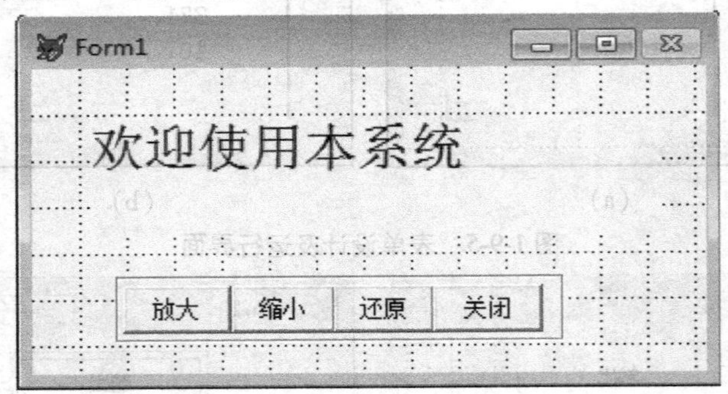

图 1-9-8 表单设计界面

(2)设计如图 1-9-9 所示表单,文件名为 BD9 - 9. SCX,在文本框 Text1 中输入一串字符,统计各类字符的个数并在文本框 Text2 中显示。

(3)设计如图 1-9-10(a)所示表单,文件名为:BD9 - 10. scx。运行表单后,单击选项按钮可以改变标签文本的颜色;勾选复选框可以改变标签的字形,如图 1-9-10(b)所示;每次单击"放大"按钮,标签 Label1 文本的字号增加 2,每次单击"缩小"按钮,标签 Label1 文本的字号减小 2;单击"还原"按钮,标签 Label1 文本的字号还原成初值为 26;单击"关闭"按钮,即可关闭表单。

图 1-9-9　表单设计界面

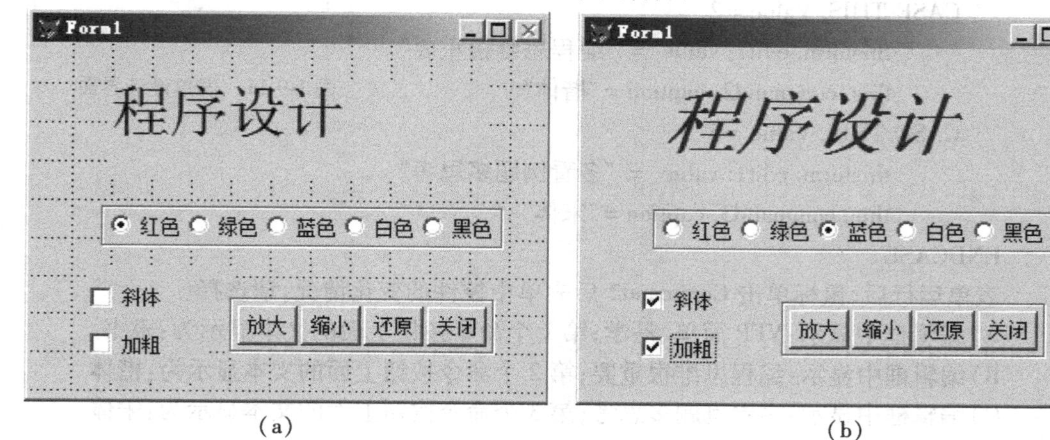

(a)　　　　　　　　　　(b)

图 1-9-10　表单设计及运行界面

3. 习题

1）选择题

（1）下列几组控件中，均为容器类的是（　　　　）。

A）表单、计时器、组合框　　　　B）选项按钮组、表单、表格

C）列表框、文本框、下拉列表框　　　　D）表单、命令按钮组、ActiveX 绑定控件

（2）表单中有一个文本框 Text1 和一个命令按钮组 CommandGroup1，命令按钮组里包含 Command1 和 Command2 两个命令按钮。如果要在 Command1 命令按钮的 Click 事件中访问文本框 Text1 的 Value 属性值，下面正确的代码是（　　　　）。

A）this. parent. text1. value　　　　B）this. parent. value

C）parent. text1. value　　　　D）thisform. text1. value

（3）假定一个表单里有一个文本框 Text1 和一个命令按钮组 Commandgroup1（其中包含 Command1 和 Command2 两个命令按钮）。如果要在 Command1 命令按钮的某个方法中访问文本框的 Value 属性值，正确的表达式是（　　　　）。

A）this. thisform. text1. value　　　　B）thisform. text1. value

C）parent. parent. text1. value　　　　D）this. parent. text1. value

（4）假设表单上有一选项组：　　　　，其中第 3 个选项

按钮“蓝色”被选中,则该选项组的 Value 属性值为(　　)。

A).T.　　B)"蓝色"　　C)3　　(D)1

(5)设计如图 1-9-11 所示表单,命令按钮组 CommandGroup1 的 ButtonCount 属性值设置为 3,其余属性均为默认值。

在 CommandGroup1 的 Click 事件中有如下代码:

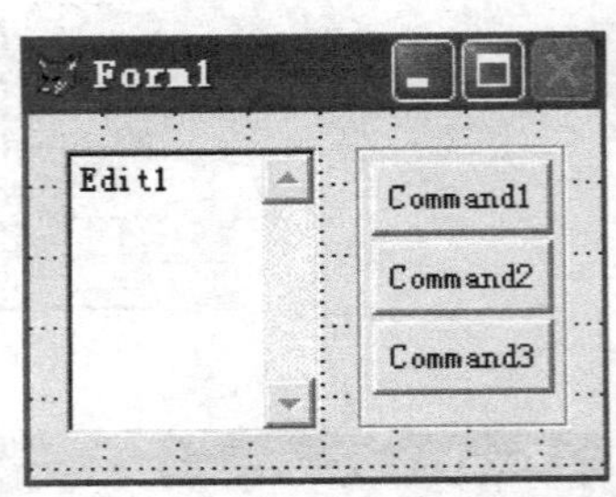

图 1-9-11　表单设计界面

```
DO CASE
    CASE THIS. Value =1
        thisform. edit1. value = "VFP 简单、易学"
        this. command1. caption ="隶书"
    CASE THIS. Value =2
        thisform. edit1. value  = "编程思维很重要"
        this. command2. caption ="楷体"
    CASE THIS. Value =3
        thisform. edit1. value  = "多看例题多思考"
        this. command3. caption ="宋体"
ENDCASE
```

表单运行后,鼠标单击 Command2 后表单中控件的变化情况,请选择(　　)。

A)编辑框中显示:VFP 简单、易学;第 1 个命令按钮上面的文本显示为:隶书

B)编辑框中显示:编程思维很重要;第 2 个命令按钮上面的文本显示为:楷体

C)编辑框中显示:多看例题多思考;第 3 个命令按钮上面的文本显示为:宋体

D)没有变化

(6)设计如图 1-9-12 所示表单,“输出”按钮的 Click 事件代码如下:

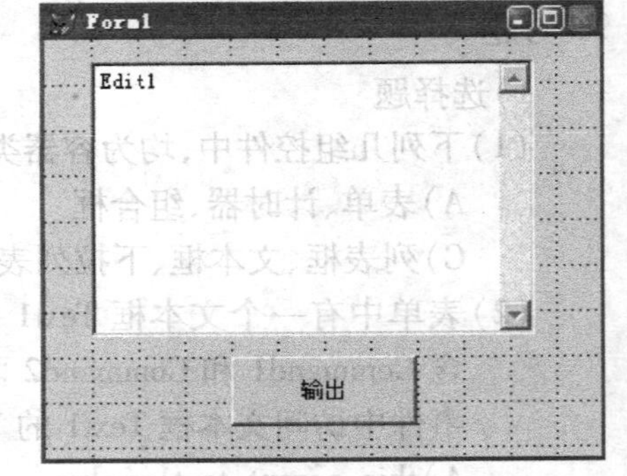

图 1-9-12　表单设计界面

```
FOR i =1 to 3
    FOR j =1 to i
        C = str(i,1) + "*"+str(j,1) + "
=" + str(i*j,1)
        thisform. edit1. value =  thisform. ed-
it1. value + c + space(2)
    ENDFOR
    thisform. edit1. value = thisform. edit1.
value + chr(13)
ENDFOR
```

表单运行后单击“输出”按钮,编辑框 Edit1 中显示(　　)。

A)
```
*
* *
* * *
```

B)
```
  *
 * * *
* * * * *
```

C)
```
1*1=1
2*1=2  2*2=4
3*1=3  3*2=6  3*3=9
```

D)
```
1*1=1
1*2=2  2*2=4
1*3=3  2*3=6  3*3=9
```

2)判断题

(1)如表单中有一组选项按钮组控件,则表单运行时,至少要在其中选择一项。 (　　)

(2)如表单中有一组复选框(CheckBox)控件,则表单运行时,至少要在其中选择一项。 (　　)

(3)列表框的 AddListItem(4,2,3)方法表示在列表框的第4行第2列显示3这个数字。 (　　)

3)填空题

(1)在编辑框中显示100以内的奇数,每行显示5个数。请完善以下程序。

```
c =""
k =0
FOR i =1 TO 100   step 2
  k =k +1
  ________
IF ________
      c =c +chr(13)
  ENDIF
ENDFOR
thisform.edit1.value =c
```

(2)设计如图1-9-13所示表单,在列表框中显示100~200中能被7整除的数,每行显示6个数。(列表框的属性已设置)请完善以下程序。

```
R =1
C =1
FOR i =100 TO 200
  IF i%7 =0
    thisform.list1.________
    c =c +1
    IF ________
      r =r +1
      c =1
    ENDIF
ENDFOR
```

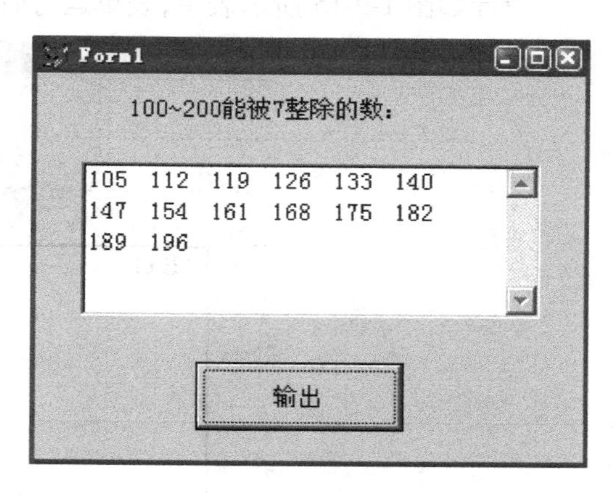

图1-9-13　表单运行界面

(3)设计如图1-9-14所示表单,表单由编辑框和命令按钮组成。表单运行后,单击“显示”按钮,可以在编辑框中输出3~100的所有素数。“显示”按钮的Click事件代码如下,请填空。

```
Y =0
```

图1-9-14　表单运行界面

```
FOR m = 3 TO 100
    FOR n = 2 To  m - 1
      IF MOD(m,n) = 0
          ____________________
      ENDIF
    ENDFOR
    IF n > m - 1
        y = y + 1
        thisform. edit1. value =  thisform. edit1. value + _________
         IF _________
            thisform. edit1. value =  thisform. edit1. value  + chr(13)
        ENDIF
    ENDIF
ENDFOR
```

4)读程序写结果

设计如图 1-9-15 所示表单,表单运行时单击“显示”按钮,在 Edit1 控件中将显示什么?

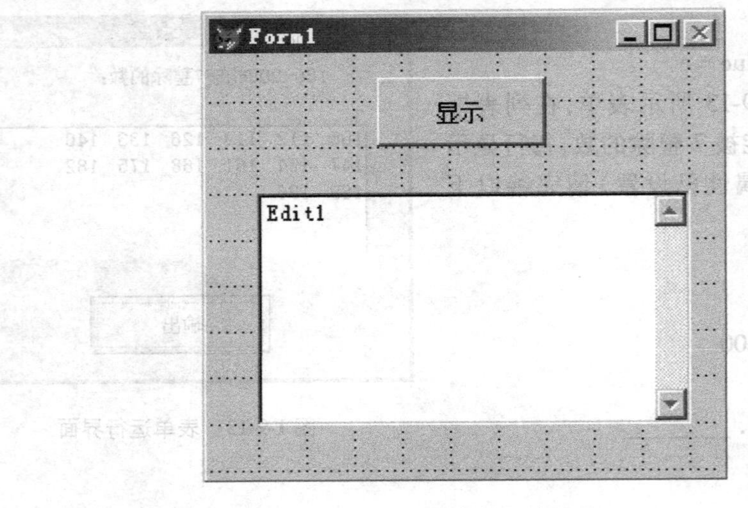

图 1-9-15　表单设计界面

“显示”按钮的 Click 事件代码如下:

```
K = . T.
m = 10
n = 0
DO WHILE K
   M = M + 1
   IF M/5 = INT( M/5)
        thisform. edit1. value = thisform. edit1. value + str( M,3)
        n = n + 1
```

```
    ELSE
        LOOP
    ENDIF
    IF n%3 =0
        thisform. edit1. value = thisform. edit1. value + chr(13)
    ENDIF
    IF M >35
        K = . F.
    ENDIF
ENDDO
```

5)表单设计

设计如图 1-9-16(a)所示表单,文件名为:myform83. scx,表单的标题为自己的准考证号和姓名。运行表单后,若选中选项按钮组中的奇数选项,则在标签 Label2 中显示 1 000 以内的奇数和,显示结果如图 1-9-16(b)所示;若选中选项按钮组中的偶数选项,则在标签 Label2中显示 1 000 以内的偶数和。

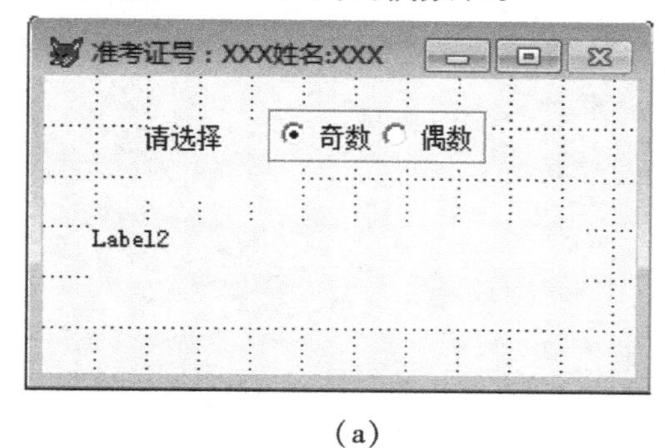

(a)

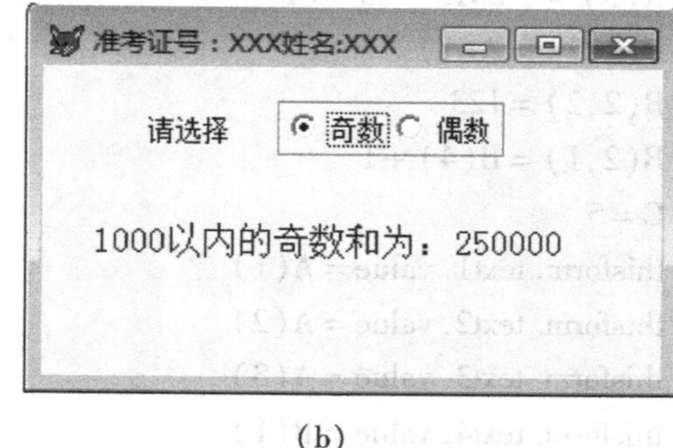

(b)

图 1-9-16　表单设计及运行界面

实验 10　数组的使用

1. 实验目的

掌握数组内存变量的使用。

2. 实验任务

在 E 盘创建子文件夹:ex3 – 10,并将该文件夹设置为默认路径。

【任务】数组的使用

(1)设计如图 1-10-1 所示表单,文件名为 BD10 – 1. csx,定义数组、赋值并输出。首先在文本框中写出结果,再运行表单验证。

“输出结果”按钮的 Click 事件代码如下:

```
DIMENSION A(3), B(2,2),C(2)
```

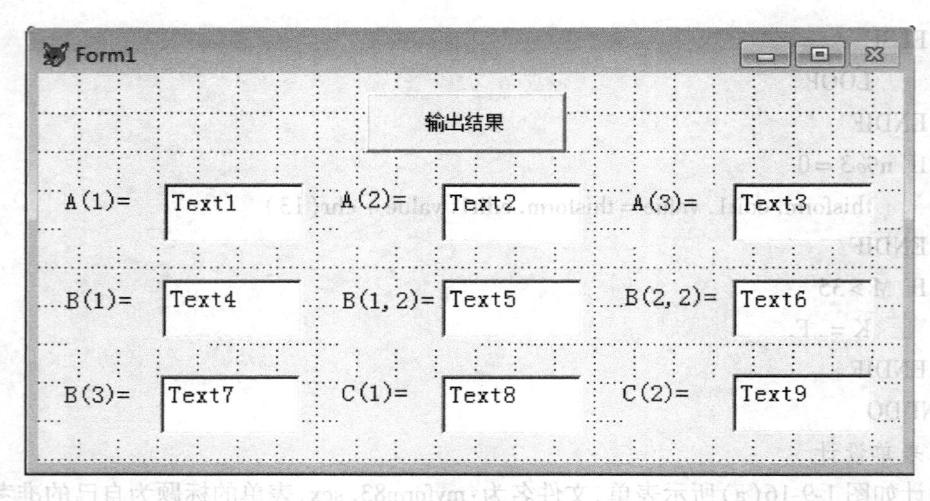

图 1-10-1　表单设计界面

```
A(1) ="ABCD"
A(2) =.T.
A(3) ={^2015-05-01}
B(1,2) =A(1)
B(2,2) =123
B(2,1) =B(4) +1
C =5
thisform.text1.value =A(1)
thisform.text2.value =A(2)
thisform.text3.value =A(3)
thisform.text4.value =B(1)
thisform.text5.value =B(1,2)
thisform.text6.value =B(2,2)
thisform.text7.value =B(3)
thisform.text8.value =C(1)
thisform.text9.value =C(2)
```

☞ 提示:二维数组可以用一维数组来表示。

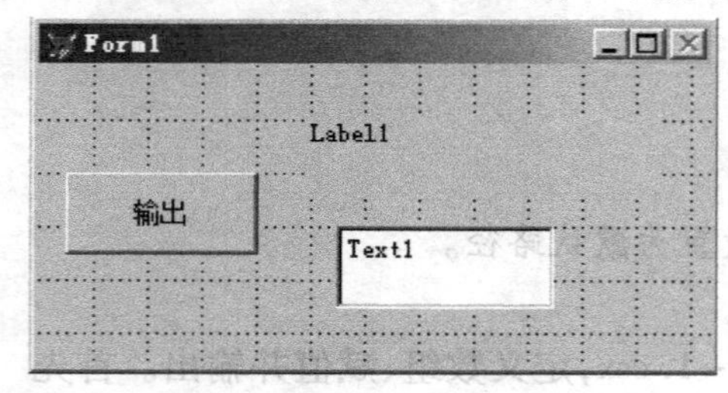

图 1-10-2　表单设计界面

(2)设计如图 1-10-2 所示表单,文件名为 BD10-2.csx。表单运行后,单击“输出”命令按钮,在标签 Label1 中随机输出 6 个 4 位数,并在文本框中显示最小数。

☞ 提示:利用 RAND( )函数产生随机数。

3. 习题

1)选择题

(1)在 VFP 中,下列说法正确的有(　　　　)。

A)赋值号(=)一次只能给一个变量赋值,而 STORE 一次能给多个变量赋值

B)一个简单变量和数组在使用之前均不必先定义

C)内存变量的内容可以根据需要而修改,但其类型不能更改

D)对于数组而言,一次只能给其中一个数组元素赋值

(2)以下对数组的描述中,正确的是(　　　　)。

A)刚定义的数组中每个元素都是没有值的

B)只能使用 DECLARE 命令来定义数组

C)VFP 中只有一维数组

D)同一个数组中的各元素不但取值可以不同,数据类型也可以不同

(3)用 DIMENSION　Y(2,3)命令定义数组 Y 后,对部分数组元素赋值:Y(1,3)=3,Y(2,1)=4,则 Y(2),Y(3)的值是(　　　　)。

A).F.　3　　　　B).F.　.F.

C)3　4　　　　D)变量未定义的提示

(4)关于 VFP 的数组,下面说法中正确的是(　　　　)。

A)定义数组后,系统为数组的每个数组元素赋以数值 0

B)数组中各数组元素的下标都是从 0 开始

C)VFP 中只有一维数组

D)同一个数组中的各元素不但取值可以不同,数据类型也可以不同

(5)定义数组的命令"DIME AD(5,7)"中,数组 AD 的数组元素有(　　　　)。

A)48　　　　B)42　　　　C)35　　　　D)24

(6)VFP 数组变量的维数有(　　　　)。

A)一维和二维　　　　B)一维、二维、三维

C)只有一维　　　　D)只有二维

(7)用 DIMENSION　Q(2,3)命令定义数组 Q 后,对各数组元素赋值:Q(1,1)=1,Q(1,2)=2,Q(1,3)=3,Q(2,1)=4,Q(2,2)=5,Q(2,3)=6,则 Q(2)的值是(　　　　)。

A)变量未定义的提示　　　　B)4

C)2　　　　D).F.

(8)设计一个表单,表单运行后单击命令按钮,文本框 Text1 中显示的结果是(　　　　)。

命令按钮的 Click 事件代码如下:

```
DIMENSION  x(6)
STORE  1  TO  x(1),(x)2
```

```
FOR  i=3  TO  5
    X(i) =2 * x(i-1)
ENDFOR
thisform.text1.value = x(6)
```

A).F.　　B).T.　　C)16　　D)32

(9)用 DIMENSION 命令定义数组后,各数组元素在没有赋值之前的数据类型是(　　)。

A)字符型　　B)数值型　　C)逻辑型　　D)未知

(10)数组的定义命令和下标的下界值分别为(　　)。

A)DIME 和 0　　B)DECL 和 1

C)DIME 和 2　　D)DIME 和任意的数值

(11)顺序执行如下语句:

```
DIMENSION  a(2,3)
DIMENSION  b(3)
a =5
b(1) =1
b(2) =2
b(3) =3
x = a(2,2)
y = b
```

执行后,请问 x 和 y 的值分别是(　　)。

A)x 的值为 5,y 的值为 1　　B)x 的值为 5,y 的值为“1”

C)x 的值为 5,y 的值为“b”　　D)x 的值为“5”,y 的值为“b”

(12)设计一个表单,表单运行后单击命令按钮,文本框 Text1 中显示的结果是(　　)。

命令按钮的 Click 事件代码如下:

```
DIMENSION Y(2,2)
Y(1,1) =1
Y(1,2) =2
Y(2,1) =3
Y(2,2) =4
  thisform.text1.value = Y(2)
```

A)变量未定义的提示　　B)1

C)2　　D).F.

(13)顺序执行如下语句:

```
DIMENSION a(3,4)
a(3,2) = 9
```

执行后,请问 a(10)的值是(　　)。

A)9　　B).F.　　C)NULL　　D)0

(14)顺序执行如下语句:

```
DIMENSION  a(3)
a(1) = 5
a(2) = 3
a(3) = a(1) + a(2)
```

执行以后,请问 a(3)的值是(　　)。

A)5　　B)3　　C)8　　D)53

(15)顺序执行如下语句:

```
a = 10
DIMENSION a(3)
a(1) = 11
a(2) = 12
a(3) = 13
x = a
```

x 的值是(　　)。

A)10　　B)11　　C)12　　D)13

(16)设计如图 1-10-3 所示表单,表单运行后,单击“输出”按钮,列表框 List1 将显示(　　)。

“输出”按钮的 Click 事件代码如下:

```
DIMENSION a(5)
b=8
a=0
FOR i=5 TO 1 STEP -1
    FOR j=1 TO i
        a(i)=a(i)+b
    ENDFOR
    b=b+1
    thisform.list1.additem(str(a(i)))
ENDFOR
```


图 1-10-3　表单设计界面

(A)	(B)	(C)	(D)
40	40	8	8
36	32	18	16
30	24	30	24
22	16	44	32
12	8	60	40

2)判断题

(1)在 VFP 中,数组一经定义,其所有元素的值被默认为逻辑.F.。(　　)

(2)在 VFP 中,数组是内存中连续的一片存储区域,它由一系列元素组成,每个数组元素可通过数组名及相应的下标来访问,下标的初始值为 0。(　　)

(3) VFP数组必须先定义后使用，允许定义三维数组。 ( )

(4)使用DECLARE X(2,3)语句可以定义一个二维数组，没有使用之前，数组中的每个元素的值都为空。 ( )

3)填空题

如图1-10-4所示表单，补充程序完成如下功能：当表单运行时，单击"输出"命令按钮，编辑框中输出所有的幸运数(幸运数是指前两位数字之和等于后2位数字之和的4位数)，每行输出10个数。

"Command1"按钮的Click事件代码如下：

```
DIME A(4)
N =0
FOR i =1000 TO 9999
  __________________
   FOR j =1 TO 4
       A(j) =VAL(SUBSTR(X,j,1))
   ENDFOR
IF __________________
   thisform. edit1. value = thisform. edit1. value + X + SPACE(2)
   N =N +1
ENDIF
IF ________

   thisform. edit1. value = thisform. edit1. value + CHR(13)
ENDIF
ENDFOR
```

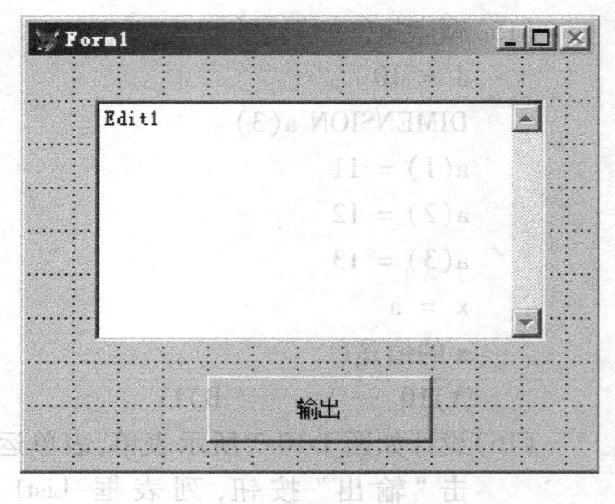

图1-10-4 表单设计界面

4)读程序写结果

(1)设计如图1-10-5所示表单，表单运行后，单击"Command1"按钮，标签Label1将显示什么？

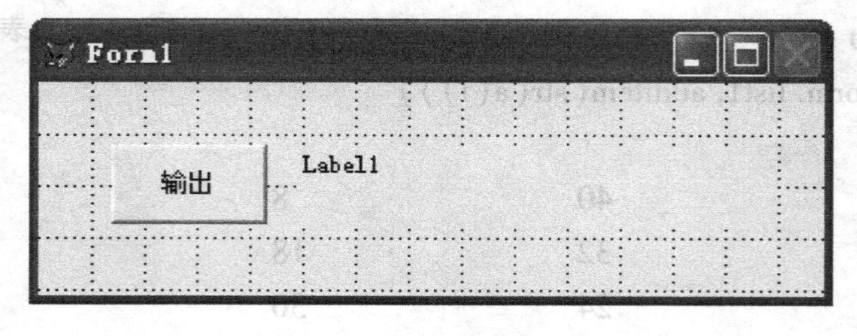

图1-10-5 表单设计界面

"输出"按钮的Click事件代码如下：

```
DIMENSION S(8)
FOR i =1 TO 8
  S(i) =3 * i
ENDFOR
```

```
FOR i = 1 TO 4
   T = S(i)
   S(i) = S(9 - i)
   S(9 - i) = T
ENDFOR
FOR i = 1 TO 8
    thisform.label1.caption =  thisform.label1.caption + STR(s(i),4)
ENDFOR
```

(2)设计如图 1-10-6 所示表单，运行表单后，单击命令按钮“Command1”，文本框 Text1—Text6 中将分别显示什么？

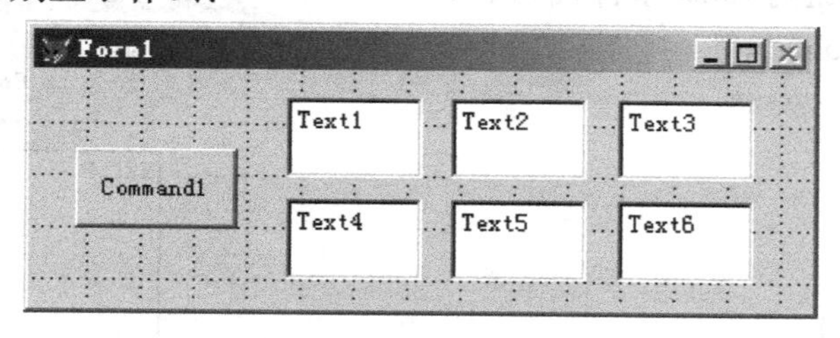

图 1-10-6　表单设计界面

“Command1”按钮的 Click 事件代码如下：

```
DIMENSION y(3,4)
FOR i = 1 TO 3
      FOR j = i + 1 TO 4
            y(i,j) = i + j
      ENDFOR
ENDFOR
thisform.text1.value = Y(2 + 1)
thisform.text2.value = Y(2 + 2)
thisform.text3.value = Y(2 + 3)
thisform.text4.value = Y(3,2)
thisform.text5.value = Y(3,3)
thisform.text6.value = Y(3,4)
```

(3)设计如图 1-10-7 所示表单，表单运行后，单击命令按钮“Command1”，标签 Label1 将显示什么？

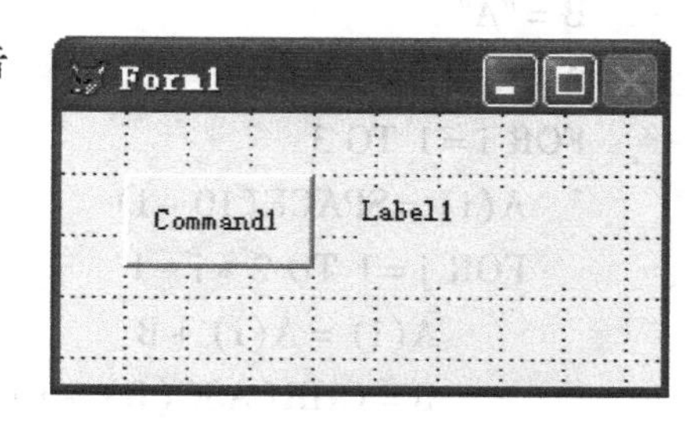

图 1-10-7　表单设计界面

“Command1”按钮的 Click 事件代码如下：

```
DIME A(3,3)
FOR i = 1 TO 3
   A(i,i) = i + 1
NEXT
X = 0
FOR i = 1 TO 3
```

```
        FOR j = 1 TO 3
          IF i = j
              X = X + A(i,j)
          ENDIF
        NEXT
    NEXT
    thisform.label1.caption = ALLT(STR(X))
```

(4)设计如图1-10-8所示表单，表单运行后，单击命令按钮"Command1"，编辑框Edit1将显示什么？

"Command1"按钮的Click事件代码如下：

```
thisform.edit1.value = ""
DIME A(4)
B = "9"
A = ""
FOR i = 1 TO 4
  FOR j = 1 TO i
    A(i) = A(i) + B
  ENDFOR
  B = CHR(ASC(B) - 1)
ENDFOR
FOR i = 1 TO 4
  thisform.edit1.value = thisform.edit1.value + STR(LEN(A(i)),1) + SPAC(5 - i) + A(i) + CHR(13)
ENDFOR
```

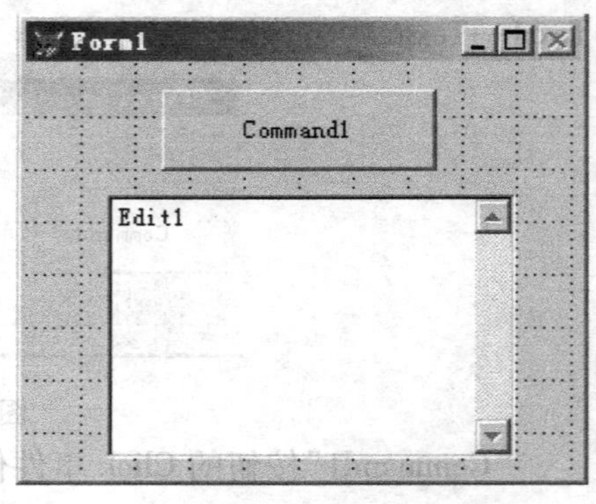

图1-10-8　表单设计界面

(5)设计如图1-10-9所示表单，表单运行时单击"显示"按钮，在列表框List1控件中将显示(　　　)。

"显示"按钮的Click事件代码如下：

```
DIME A(4)
B = "A"
A = ""
FOR i = 1 TO 3
   A(i) = SPACE(10 - i)
   FOR j = 1 TO 2 * i - 1
       A(i) = A(i) + B
       B = CHR(ASC(B) + 1)
   ENDFOR
   thisform.list1.additem(A(i))
ENDFOR
```

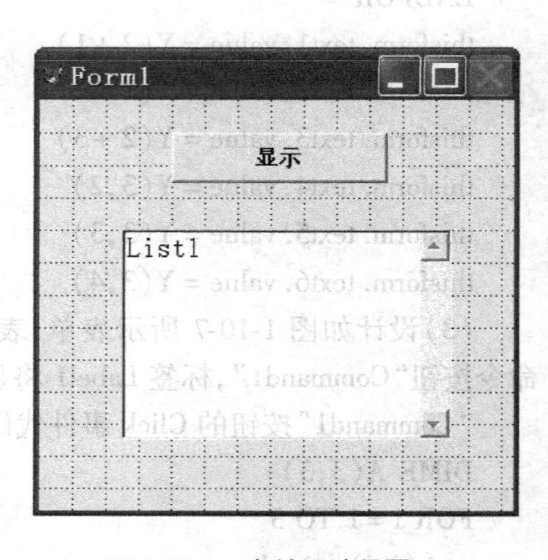

图1-10-9　表单设计界面

第4章　数据库基础知识

实验11　数据库、数据表的建立

1. 实验目的

- 掌握数据库的建立方法。
- 掌握数据表结构的建立方法。
- 掌握数据表中记录输入的方法。
- 掌握在数据库设计器中添加和删除表的方法。

2. 实验任务

在E盘创建子文件夹:ex4－11,并将该文件夹设置为默认路径。

【任务1】创建一个职工管理数据库"ZGGL. dbc",并在该数据库中分别创建职工表"ZG. dbf"和工资表"GZ. dbf",数据如表1-11-1、1-11-2所示。

表1-11-1　职工表ZG. dbf

工号(c(7))	姓名(c(8))	性别(c(2))	出生日期/d	职务(c(10))	部门(c(10)	工作日期/d	照片/g
1997042	王宏伟	男	12/03/1975	副主管	销售部	07/10/1997	gen
1988011	张建设	男	03/24/1968	职员	企划部	05/16/1988	gen
1990456	唐怡然	女	12/05/1965	主管	销售部	07/20/1990	gen
1998078	聂英	女	09/08/1978	职员	销售部	06/07/1998	gen
2007045	王阳	男	03/25/1986	职员	企划部	08/10/2007	gen
2003023	李航	女	05/07/1981	职员	销售部	09/15/2003	gen
1999345	张浩然	男	04/13/1977	主管	企划部	07/15/1999	gen

表 1-11-2　工资表 GZ. dbf

工号(c(7))	基本工资(n(7,2))	津贴(n(7,2))	奖金(n(6,2))	实发工资(n(7,2))
1997042	3 500.00	1 800.00	500.00	
1988011	2 200.00	800.00	100.00	
1990456	4 200.00	2 000.00	600.00	
1998078	2 300.00	700.00	100.00	
2007045	2 000.00	1000.00	300.00	
2003023	2 100.00	1 200.00	400.00	
1999345	5 000.00	2 000.00	600.00	

【任务2】建立一个成绩管理数据库“CJGL. dbc”,并在该数据库中分别创建成绩表“CJB. dbf”和学生表“XSB. dbf”,数据如表1-11-3、表1-11-4 所示。

表 1-11-3　成绩表 CJB. dbf

学　号	大学计算机基础	高等数学	大学英语 I
050120	95.0	75.0	88.0
050121	67.5	82.0	66.0
050122	73.5	94.5	68.0
050123	85.0	75.0	58.0
050224	93.0	72.0	68.0
050125	46.0	56.0	78.0
050126	58.0	73.0	56.5

表 1-11-4　学生表 XSB. dbf

学　号	姓　名	性　别
050120	张欣怡	女
050121	刘建新	男
050122	王梦竹	女
050123	李自立	男
050124	王新伟	男
050125	柳青青	女
050126	莫明	男

☞ 提示:建表结构时,注意根据具体情况设置每个字段的类型和宽度。

【任务3】建立一个图书借阅管理数据库“TSJYGL. dbc”,并在该数据库中分别创建图书基本信息表“TS. dbf”和图书借阅情况表“JY. dbf”，数据如表 1-11-5、表 1-11-6 所示。

表 1-11-5　图书基本信息表 TS. dbf

书　号	书　名	单　价	第一作者	出版年月
020365	C + + 开发实例导航	36	王邵洋	2011-10
020528	VFP 程序设计教程	23	黄瑞	2013-09
020234	数据库系统原理教程	18	王姗姗	2010-01
020458	VFP 及其应用系统开发	32	张拥军	2011-03
020636	JAVA 入门与提高	56	李爱民	2012-05
020810	基于 Web 的数据库应用	15	王邵洋	2012-06

表 1-11-6　图书借阅情况表 JY. dbf

书　号	借出日期	有效期	借阅人
020365	2013. 11. 03	30	张开莲
020528	2013. 11. 23	15	丁邵毅
020234	2013. 11. 21	45	张开莲
020365	2013. 11. 12	15	李航
020365	2013. 11. 18	30	王紫杉
020528	2013. 11. 18	30	王紫杉
020458	2013. 11. 23	15	丁邵毅

☞ 提示：出版年月字段为字符型。

【任务 4】建立一商场消费数据库“SCXF. dbc”，并在该数据库中分别创建顾客信息表（GK. dbf）和顾客消费数据表（XF. dbf），数据如表 1-11-7、表 1-11-8 所示。

表 1-11-7　顾客信息表（GK. dbf）

顾客编号	姓　名	性　别	是否会员
085422	王新星	女	. T.
074561	孙小枫	女	. F.
081313	吴志远	男	. F.
072453	程龙	男	. T.
085211	李文娟	女	. T.

表 1-11-8　顾客消费数据表(XF. dbf)

顾客编号	购买商品	消费金额	消费积分
074561	化妆品	588.00	
081313	西服	1 280.00	
085211	靴子	566.00	
072453	食品	218.80	
081313	食品	78.20	
074561	帽子	128.00	
085422	皮鞋	358.00	

【任务5】建立一个话费管理数据库"HFGL. dbc",并在该数据库中分别创建客户表(YHB. dbf)和电话使用情况表(SYQK. dbf),数据如表1-11-9、表1-11-10所示。

表 1-11-9　客户表(KH. dbf)

电话号码	用户名
15323467891	张力
13245323123	王鑫
18312345672	李翔
13656723456	李艳丽

表 1-11-10　电话使用情况表(SYQK. dbf)

电话号码	使用日期	开始时间	结束时间	使用分钟数
13245323123	2014-10-17	09:12	09:50	
15323467891	2014-10-17	15:30	15:35	
13656723456	2014-10-17	22:30	22:45	
13245323123	2014-10-17	11:50	12:15	
18312345672	2014-10-17	09:90	09:30	
13656723456	2014-10-17	14:09	14:20	

☞ 提示:开始时间、结束时间字段为字符型。

3. 习题

1)选择题

(1)在VFP中,表文件中多个备注型字段的内容存放在(　　　　)。

A)一个数据库文件中　　　B)一个备注文件中

C)多个备注型文件中　　　D)这个表文件中

(2)在 VFP 中,下列各项的数据类型所占空间的字节数相等的是(　　　)。

A)日期型和逻辑型　　　B)日期型和通用型

C)逻辑型和备注型　　　D)备注型和通用型

(3)字段的宽度不是由系统自动给出的字段类型是(　　　)。

A)数值型　　B)备注型　　C)逻辑型　　D)日期型

(4)以下字段类型(　　　)是 VFP 严格定义了字段宽度的:①字符型;②日期型;③数值型;④浮点型;⑤逻辑型;⑥备注型;⑦通用型。

A)①②⑤　　B)②④⑥⑦　　C)②⑤⑥⑦　　D)⑤⑥⑦

(5)在 VFP 中,数据库表和自由表的字段名最大字符数分别是(　　　)。

A) 10、10　　B)128、10　　C)256、128　　D)128、128

(6)建立一个表文件,表中包含字段:姓名(C,6)、出生日期(D)和婚否(L),则该表中每条记录所占的字节宽度为(　　　)。

A)15　　B)16　　C)17　　D)18

(7)从数据库中删除表 ABC. dbf 的命令是(　　　)。

A)DROP TABLE ABC. dbf　　B)ALTER TABLE ABC. dbf

C)DELETE TABLE ABC. dbf　　D)ERASE TABLE ABC. dbf

(8)在 VFP 中,打开数据库 XX. dbc 的命令是(　　　)。

A)OPEN DATABASE xx　　B)USE xx

C)USE DATABASE xx　　D)OPEN xx. dbc

(9)以下关于自由表和数据表操作的叙述中,错误的是(　　　)。

A)自由表能执行的操作,数据库表不一定能执行

B)数据库表的表名可超过 10 个字符

C)自由表的字段名最多只能有 10 个字符

D)数据库表能执行的操作,自由表不一定能执行

(10)以下关于 VFP 的数据库操作的叙述,正确的是(　　　)。

A)当打开数据库时,该数据库中的表也同时被打开

B)使用 DELETE DATABASE 命令删除数据库时,该数据库中的表也同时被删除

C)命令 OPEN database 和 MODIFY database 的功能是相同的

D)当打开数据库时,该数据库中的表不一定被打开

(11)以下有关数据表备注文件(. fpt)叙述正确的是(　　　)。

A)所有的数据表都有备注文件. fpt

B)只有数据库表有备注文件. fpt

C)只要数据表中有备注类型字段或通用类型字段,该表就有备注文件. fpt

D)只有数据库表中有备注类型字段或通用类型字段,该表才有备注文件. fpt

(12)VFP 文件扩展名为“. dbc”,说明该文件属于(　　　)。

A)数据库　　B)表　　C)程序　　D)项目

(13)在 VFP 中,建立数据库时建立了扩展名分别为(　　　)的文件。

A). dbc　　B). dct　　C). dcx　　D)A,B,C

(14)将数据库表从数据库移出后,该表(　　)。

A)成为自由表　B)被删除　C)放入回收站　D)内容被清空

(15)VFP 系统所用的术语与关系术语存在的对应关系是(　　)。

A)表结构对应关系,表文件对应元组,记录对应属性,字段对应属性值

B)表结构对应关系模式,表文件对应关系模型,记录对应元组,字段对应属性

C)表结构对应关系模式,表文件对应关系,记录对应属性,字段对应属性值

D)表结构对应关系模式,表文件对应关系,记录对应元组,字段对应属性

(16)以下关于"关系"的概念,正确的是(　　)。

A)列的次序非常重要　B)行的次序非常重要

C)列的次序无关紧要　D)关键字必须指定为第一列

(17)用二维表数据来表示实体及实体之间联系的数据模型称为(　　)。

A)层次模型　B)网状模型　C)实体-联系模型　D)关系模型

(18)数据的组织采用树状结构,数的节点是数据实体,树枝则是实体之间的联系,自上而下体现了数据的一对多联系。该数据模型属于(　　)。

A)列表型　B)层次型　C)网状型　D)关系型

(19)数据库系统中对数据库进行管理的核心软件是(　　)。

A)DBMS　B)DB　C)OS　D)DBS

(20)专门的关系运算是(　　)。

A)选择、投影、查询　B)选择、投影、关联

C)选择、投影、连接　D)选择、投影、笛卡尔积

2)判断题

(1)数据库备注文件(.dct)中存放的是数据库中所有数据表的备注类型字段或通用类型字段的内容。(　　)

(2)数据库表允许使用长文件名,最多可以有 128 个字符。(　　)

(3)从数据库中删除数据表的命令是 add table〈表名〉。(　　)

(4)在 VFP 中自由表的表名不能超出 8 个字符。(　　)

(5)对某个关系进行投影或联接运算后,运算的结果还是二维表。(　　)

实验 12　数据表结构的修改及数据库的约束机制

1. 实验目的

- 掌握数据表结构的修改方法。
- 掌握字段级规则和记录级规则的设置。
- 掌握触发器的设置。

2. 实验任务

在 E 盘创建子文件夹:ex4－12,将"ex4－11"文件夹中所有文件复制到"ex4－12"文件夹中,并将"ex4－12"文件夹设置为默认路径。

【任务1】修改的表结构(对职工管理数据库“ZGGL. dbc”中的职工表“ZG. dbf”操作)

(1)将“出生日期”字段的名称修改为“生日”;

(2)将“部门”字段宽度修改为6;

(3)增加一个备注型字段“简历”;

(4)删除“照片”字段。

【任务2】设置字段默认值和字段有效性规则(对职工管理数据库“ZGGL. dbc”中的ZG. dbf表和GZ. dbf表操作)

(1)设置ZG. dbf表的“职务”字段的默认值为“职员”;

(2)设置GZ. dbf表的“基本工资”字段的值必须大于2000。

【任务3】设置记录有效性规则

设置工作日期的年份减去出生日期的年份大于等于18。

3. 习题

1)选择题

(1)有学生数据表STU. dbf,结构学号/C/6,姓名/C/B,成绩/N/5,1,专业/C/10。若要在STU. dbf表中增加一个宽度为2的“性别”字段,应使用的SQL命令为(　　　)。

A)APPEND TABLE STU ADD 性别 WITH C(2)

B)ALTER TABLE STU ADD 性别 C(2)

C)INSERT TABLE STU ADD 性别 C(2)

D)INSERT 性别　WITH C(2)INTO STU

(2)将student. dbf中成绩字段改名为入学成绩,正确的SQL语句是(　　　)。

A)ALTER TABLE student ALTER 成绩 to 入学成绩

B)ALTER student rename 入学成绩 N(3)

C)ALTER TABLE student RENAME 成绩 n(3)to 入学成绩 N(3)

D)ALTER TABLE student RENAME 成绩 to 入学成绩

(3)给gkcj. dbf表添加一个总分字段,数值型,保留一位小数,SQL语句是(　　　)。

A)add 总分 N(5,1)

B)ALTER TABLE gkcj　ADD 总分

C)ALTER TABLE gkcj　ADD 总分 N(1)

D)ALTER TABLE gkcj　ADD 总分 N(5,1)

(4)将订单表中“金额”字段的小数位数修改为2,正确的SQL语句是(　　　)。

A)ALTER TABLE 订单 ALTER 金额 N(8,2)

B)ALTER 订单 RENAME 金额 N(8,2)

C)ALTER TABLE 订单 RENAME 金额 N(2)

D)ALTER TABLE 订单 CHANG 金额 N(8,2)

(5)为“学生”表增加一个字段“最后得分/N/4/1”的SQL语句是(　　　)。

A)ALTER TABLE 学生 ADD 最后得分 N(4,1)

B)ALTER DBF 学生 ADD 最后得分 N/4/1

C) ALTER TABLE 学生 ADD FIELD 最后得分 N(4,1)

D) ALTER DBF 学生 ADD FIELD "最后得分 N/4/1

(6)将学生表中字段"姓名"改为"学生姓名"的语句是(　　)。

A) RENAME　FROM 学生 FOR　姓名 TO 学生姓名

B) ALTER 学生 RENAME 姓名 TO 学生姓名

C) ALTER TABLE 学生 RENAME 姓名 TO 学生姓名

D) ALTER TABLE 学生 RENAME 姓名　学生姓名

(7)在 VFP 中,如果要将学生表 XS(学号/C/7,姓名/C/6)中的"姓名"字段的宽度改为 8,正确的 SQL 命令是(　　)。

A) ALTER TABLE XS ALTER 姓名 C(8)

B) ALTER 姓名 C(8) FROM XS

C) ALTER　FROM XS　姓名 C(8)

D) ALTER TABLE XS 姓名 C(6) TO C(8)

(8)在 VFP 中,可以对字段设置默认值的表(　　　　)。

A)必须是数据库表　　B)必须是自由表

C)自由表或数据库表　　D)不能设置字段的默认值

(9)为字段设置了(　　　　)后,输入的新数据必须符合这个要求才能被接收,否则要求用户重新输入该数据。

A)有效性规则　　B)有效性信息　　C)默认值　　D)删除触发规则

(10)在建立学生数据库表时,将"性别"字段值限制在"男""女"之间的约束属于(　　　　)。

A)实体完整性　　B)域完整性　　C)参照完整性　　D)以上都不正确

(11)如要设定学生的出生日期有效性规则在{^1998-01-01}至{^2000-12-31},当输入的日期不在此范围内,则给出错误信息,须对数据库表定义(　　　　)。

A)实体完整性　　B)域完整性

C)参照完整性　　D)以上各项都需要定义

(12)数据库表的字段或记录可以定义有效性规则,规则可以是(　　　　)。

A)逻辑表达式　　B)字符表达式　　C)数值表达式　　D)前 3 种都可能

(13)在 VFP 中,下列关于表的叙述正确的是(　　　　)。

A)在数据库表和自由表中,都能给字段定义有效性规则和默认值

B)在自由表中,能给字段定义有效性规则和默认值

C)在数据库表中,能给字段定义有效性规则和默认值

D)在数据库表和自由表中,都不能给字段定义有效性规则和默认值

2)判断题

(1)字段有效性规则中,"规则"可以是任意数据类型。　　(　　)

(2)在 VFP 中,可以对字段设置默认值的表是自由表或数据库表。　　(　　)

(3)建立表结构的 SQL 命令是 ALTER TABLE。　　(　　)

(4)为字段设置了删除触发规则后,输入的新数据必须符合这个要求才能被接收,否则要求用户重新输入该数据。　　(　　)

(5)要设定学生年龄有效性规则在15～25岁，当输入的数值不在此范围内，则给出错误信息，这是对数据库表定义的参照完整性。 ( )

实验13 多工作区操作

1. 实验目的

- 掌握索引命令的使用方法。
- 理解工作区的概念。
- 掌握多工作区的使用。
- 掌握临时关联的建立方法。
- 掌握利用表设计器建立数据表普通索引、主索引和候选索引的方法。
- 掌握数据库表之间建立永久关系的方法。
- 掌握参照完整性的设置方法。
- 理解临时关联和永久关系的区别。

2. 实验任务

在E盘创建子文件夹：ex4－13，将"ex4－11"文件夹中所有文件复制到"ex4－13"文件夹中，并将"ex4－13"文件夹设置为默认路径。

【任务1】使用"ZG.dbf"和"GZ.dbf"表，建立如图1-13-1所示表单，文件名为：zbd13-1.scx。表单运行时，单击"索引"按钮，则按"职务"的降序排序，"职务"相同时按职工的参加工作日期的升序显示表ZG.dbf的记录；单击"输出企划部职工"按钮，则将所有"企划部"职工的姓名、职务、基本工资、津贴和奖金输出。

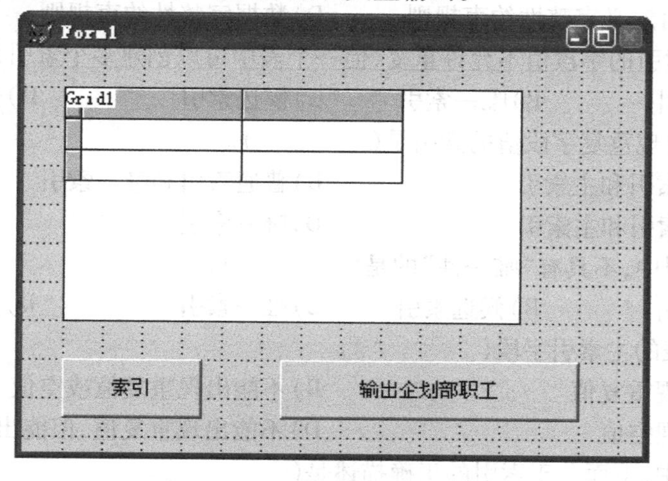

图1-13-1 索引和关联表单界面

提示："输出企划部职工"需建立两表临时关联。

【任务2】建立表间永久关系。

(1) 将"ZGGL.dbc"数据库中的"ZG.dbf"和"GZ.dbf"以工号建立一对一的永久关系。

ɞ 提示：两表都以工号建立主索引（或候选索引）。

（2）将成绩管理数据库“CJGL. dbc”中的“XSB. dbf”和“CJB. dbf”以“学号”建立一对一永久关系。

（3）将图书借阅管理数据库“TSJYGL. dbc”中的“TS. dbf”和“JY. dbf”以“书号”建立一对多永久关系。

ɞ 提示：“TS. dbf”表以“书号”建立主索引，“JY. dbf”表以“书号”建立普通索引。

（4）将商场消费数据库“SCXF. dbc”中的“GK. dbf”和“XF. dbf”以“顾客编号”建立一对多永久关系。

（5）将数据库（HFGL. dbc）中的 KH. dbf 和 SYQK. dbf 两表以“电话号码”建立一对多永久关系。

【任务 3】设置表间参照完整性。

设置职工表和工资表间的参照完整性：更新规则、删除规则、插入规则全为“限制”。

3. 习题

1）选择题

（1）VFP 中的索引有（　　　　）。

A）主索引、候选索引、普通索引、视图索引
B）主索引、次索引、唯一索引、普通索引
C）主索引、次索引、候选索引、普通索引
D）主索引、候选索引、唯一索引、普通索引

（2）“主键”不允许取重复值，是指（　　　　）。

A）实体完整性约束规则　　B）引用完整性约束规则
C）用户自定义完整性约束规则　　D）数据完整性约束规则

（3）如所建索引的字段值不允许重复，但一个表中可以创建多个索引是（　　　　）。

A）主索引　　B）唯一索引　　C）候选索引　　D）普通索引

（4）不允许出现重复字段值的索引是（　　　　）。

A）候选索引和主索引　　B）普通索引和唯一索引
C）唯一索引和主索引　　D）唯一索引

（5）下列索引中，不具有“唯一性”的是（　　　　）。

A）主索引　　B）候选索引　　C）唯一索引　　D）普通索引

（6）数据库表的主索引字段（　　　　）。

A）能出现重复值　　B）不能出现重复值或空值
C）能出现空值　　D）不能出现重复值，但能出现空值

（7）在 VFP 中，下面关于索引的正确描述是（　　　　）。

A）当数据库表建立索引以后，表中记录的物理顺序将被改变
B）索引的数据将与表的数据存储在一个物理文件中
C）建立索引是创建一个索引文件，该文件包含有指向表记录的指针
D）使用索引可以加快对表的查询操作

(8)有数据表文件 CJ.dbf,其中有姓名/C/8 和上机成绩/N/5/1 等字段,要按姓名升序排列,姓名相同时按上机成绩降序建立索引,正确的命令是(　　)。

A)INDEX ON 姓名 - 上机成绩 TAG CJIDX

B)INDEX ON 姓名 + STR(- 上机成绩,6,2)TAG CJIDX

C)INDEX ON 姓名 + STR(1000 - 上机成绩)TAG CJIDX

D)INDEX ON 姓名/A,上机成绩/D TAG CJIDX

(9)有数据表文件 XS.dbf,其中有性别/C/2 和出生日期/D 等字段,要按性别升序排列,性别相同时按年龄的升序建立索引,正确的命令是(　　)。

A)INDEX ON 性别 + dtoc(date() - 出生日期)TAG xx

B)INDEX ON 性别 + 出生日期 TAG xx

C)INDEX ON 性别 + dtoc(出生日期,1)TAG xx

D)INDEX ON 性别 + str(date() - 出生日期)TAG xx

(10)将学生表按籍贯(C,10)字段升序排列,如果籍贯相同,则按学号(N,4)升序排列,正确的索引表达式是(　　)。

A)籍贯,学号　　B)籍贯 + 学号

C)籍贯,STR(学号,4)　　D)籍贯 + STR(学号,4)

(11)职工工资数据表按基本工资字段建立降序索引,然后执行 GO TOP 命令,此时当前记录指针指向的记录是(　　)。

A)1 号记录　　B)基本工资最少的记录

C)基本工资最多的记录　　D)不能确定

(12)要在数据库表中建立索引,其字段值不允许重复,并且一个表中只能创建一个。这种索引是(　　)。

A)主索引　　B)唯一索引　　C)候选索引　　D)普通索引

(13)参照完整性规则的更新规则中"限制"的含义是(　　)。

A)更新父表中连接字段值时,用新的连接字段自动修改子表中的所有相关记录

B)若子表中有与父表相关的记录,则禁止修改父表中连接字段值

C)父表中的连接字段值可以随意更新,不会影响子表中的记录

D)父表中的连接字段值在任何情况下都不允许更新

(14)如果指定参照完整性的删除规则为"限制",则当删除父表中记录时(　　)。

A)系统自动备份父表中被删除记录到一个新表中

B)若子表中有相关记录,则禁止删除父表中记录

C)会自动删除子表中所有相关记录

D)不作参照完整性检查

(15)参照完整性规则的更新规则中"级联"的含义是(　　)。

A)更新父表中连接字段值时,用新的连接字段自动修改子表中的所有相关记录

B)若子表中有与父表相关的记录,则禁止修改父表中连接字段值

C)父表中的连接字段值可以随意更新,不会影响子表中的记录

D)父表中的连接字段值在任何情况下都不允许更新

(16)VFP 参照完整性规则不包括(　　)。

A)更新规则　B)查询规则　C)删除规则　D)插入规则

(17)在 VFP 中进行参照完整性设置时,要想设置成:当更改父表中的主关键字段或候选关键字段时,自动更改所有相关子表记录中的对应值。应选择(　　)。

A)限制(Restrict)　B)忽略(Ignore)

C)级联(Cascade)　D)级联(Cascade)或限制(Restrict)

(18)要控制两个表中数据的完整性和一致性可以设置"参照完整性",要求这两个表(　　)。

A)是同一个数据库中的两个表　B)是不同数据库中的两个表

C)是两个自由表　D)一个是数据库表,另一个是自由表

2)判断题

(1)父表和子表的关联字段如果设为候选索引,则可为两表建立一对多关系。(　　)

(2)在 VFP 中实体完整性是利用主索引或候选索引来保证的。(　　)

(3)通过建立参照完整性规则,可以确保相关表之间数据的一致性。(　　)

(4)任意数据表中都可以建立主索引。(　　)

(5)任意表中均可建主索引、候选索引、唯一索引和普通索引。(　　)

(6)主索引只能在数据库表中指定,而候选索引在数据库表和自由表中都可使用。(　　)

(7)数据库表和自由表都可以建立唯一索引。(　　)

(8)"参照完整性"对话框中的"插入规则"选项卡用于指定子表中插入新记录或更新已存在的记录时所用的规则。(　　)

第 5 章　数据表的基本操作

实验 14　记录指针的定位及记录的维护

1. 实验目的

- 掌握表单数据环境的添加。
- 掌握移动记录指针的操作方法。
- 掌握表记录的追加方法。
- 掌握表记录的逻辑删除与物理删除的方法。
- 掌握表记录的修改方法。

2. 实验任务

在 E 盘创建子文件夹:ex5 - 14,将“ex4 - 11”文件夹中所有的文件复制到“ex5 - 14”文件夹中,并将“ex5 - 14”文件夹设置为默认路径。

【任务 1】创建如图 1-14-1 所示的表单,文件名为:bd14-1。表单运行时,可通过组合框选择记录号,则输出该记录;单击命令按钮组的“首记录”按钮则显示第一条记录,单击“上一条”按钮则输出原当前记录的前一条记录,单击“下一条”按钮则输出原当前记录的后一条记录,单击“末记录”按钮则输出最后一条记录,单击“关闭”按钮则结束表单的运行。

【任务 2】创建如图 1-14-2 所示的追加记录表单,文件名为:bd14-2。表单运行时,单击“添加职工”按钮则在“ZG. dbf”表末尾增加一条新记录(记录内容自己添加),单击“关闭”按钮则结束表单的运行。

【任务 3】创建如图 1-14-3 所示的删除记录表单,文件名为:DB14-3。表单运行时,在组合框中选择记录号,单击“删除职工”按钮则逻辑删除“ZG. dbf”表中该条记录;单击“清除删除标志”按钮清除 “ZG. dbf”表中当前记录的逻辑删除标志;单击“物理删除职工”按钮则删除所有带删除标志的记录;单击“关闭”按钮则结束表单的运行。

【任务 4】创建如图 1-14-4 所示的成批修改记录表单,文件名为:bd14-4。表单运行时,单击“计算并输出实发工资”按钮,则计算出工资表中所有人的实发工资(实发工资 = 基本工资＋津贴＋奖金)，并写入工资表中，且在表格控件中输出工资表的信息。

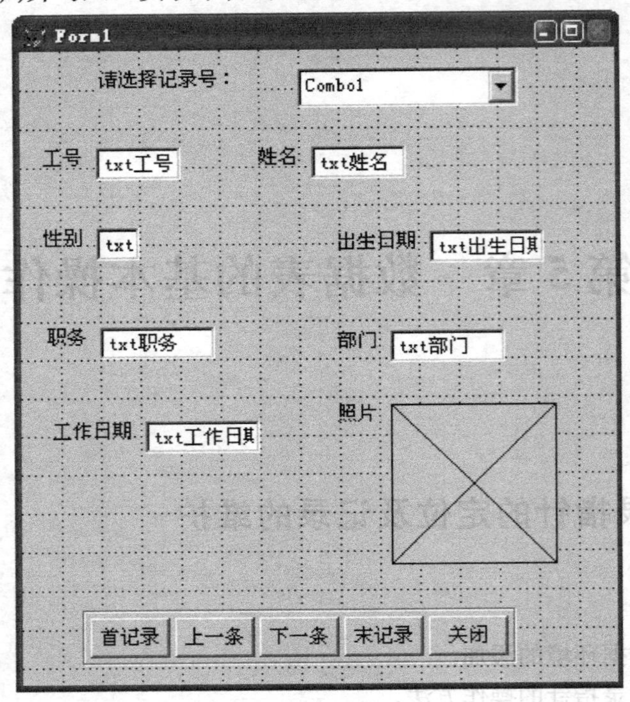

图 1-14-1　记录指针移动表单

Form1

工号	姓名	性别	出生日期	职务	部门	工作日期	照片
abl	abl	abl	abl	abl	abl	abl	abl

添加职工　　关闭

图 1-14-2　追加记录表单

Form1

请选择记录号：　Combo1

工号	姓名	性别	出生日期	职务	部门	工作日期	照片
abl	abl	abl	abl	abl	abl	abl	abl

逻辑删除职工　清除删除标志　物理删除职工　关闭

图 1-14-3　删除记录表单

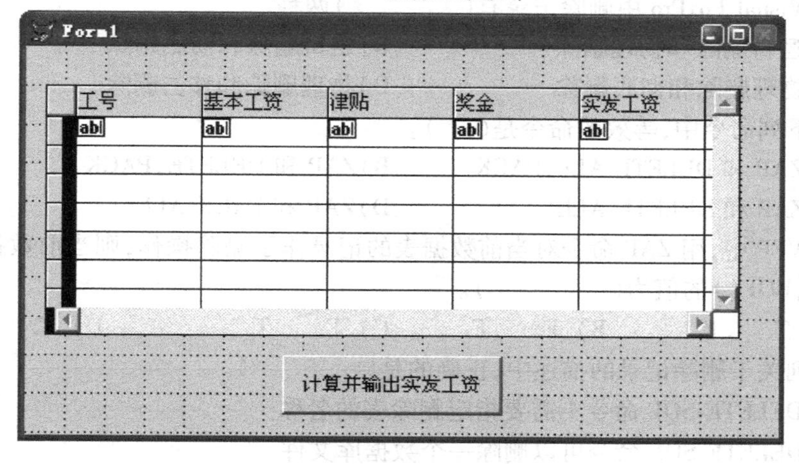

图 1-14-4　成批修改记录表单

3. 习题

1)选择题

(1)以下程序段执行后，数据记录指针指向(　　　　)。

```
DIMENSION  A(3)
A(1) = 'TOP'
A(2) = 'BOTTOM'
A(3) = 'SKIP'
GO & A(2)
```

A)表头　　　　B)表的末记录　　C)第 5 条记录　　　D)第 2 条记录

(2)执行命令:

```
USE ZZ          &ZZ. DBF 中有 15 条记录的数据表
Thisform. text 1. value = BOF( )
SKIP   -1
Thisform. text 2. value = BOF( )
GO BOTTOM
Thisform. text 3. value = EOF( )
SKIP
Thisform. text 4. value = EOF( )
```

命令？的结果依次是(　　　　)。

A)F,T,T,F　　B)F,T,F,T

C)F,T,F,F　　D)F,F,F,T

(3)设数据表文件及其索引文件已打开,为了确保指针定位在物理记录号为 1 的记录上,应该使用命令(　　　　)。

A)GO TOP　　B)GO BOF　　C)SKIP 1　　D)GO 1

(4)在 Visual FoxPro 中删除记录有(　　　　)两种。

A)逻辑删除和物理删除　　B)逻辑删除和彻底删除

C)物理删除和彻底删除　　D)物理删除和移去删除

(5)在下列命令中,等效的命令是(　　)。

A)ZAP 和 DELETE ALL,PACK　　B)ZAP 和 DELETE,PACK

C)ZAP 和 DELETE ALL　　D)ZAP 和 PACK ALL

(6)在 VFP 中,用 ZAP 命令对当前数据表的记录作了删除操作,则当前数据表的 EOF( ),BOF( )的值为(　　　　)。

A).T.　.F.　　B).F.　.F.　　C).F.　.T.　　D).T.　.T.

(7)下列关于删除记录的描述中,正确的是(　　　　)。

A)DELETE-SQL 命令不需要指定删除表的名称

B)DELETE-SQL 命令可以删除一个数据库文件

C)DELETE-SQL 命令删除的记录不能用 ReCall 命令恢复

D)DELETE-SQL 命令只能逻辑删除数据表中的记录

(8)设有出境登记表 leave. dbf(其中包括字段:身份证号,姓名,出境日期等),要删除 2010 年 1 月 1 日以前出境的旅客信息,正确的 SQL 命令是(　　　　)。

A)DELETE TABLE leave WHERE 签订日期 < {^2010 - 01 - 01}

B)DELETE TABLE leave WHERE 签订日期 > {^2010 - 01 - 01}

C)DELETE FROM leave WHERE 签订日期 < {^2010 - 01 - 01}

D)DELETE FROM leave WHERE 签订日期 > {^2010 - 01 - 01}

(9)SQL-DELETE 命令是(　　　　)删除记录。

A)逻辑　　B)物理

C)彻底　　D)以上说法都不正确

(10)将当前数据表文件中“性别”字段的值全部清除,但仍保留该字段,其他各字段内容不变,应当使用命令(　　　　)。

A)MODIFY　STRUCTURE　　B)DELETE

C)REPLACE　　D)ZAP

(11)利用SQL语句能将学生表中所有学生的名次增加1,应输入(　　　　)命令。

A)UPDATE 学生 SET 名次=名次+1

B)UPDATE 名次=名次+1

C)SET 名次=名次+1

D)UPDATE 学生 SET 名次+1

(12)"成绩.DBF"表中有"成绩/N/字段,将所有学生的成绩增加10分,正确的SQL命令是(　　　　)。

A)UPDATE 成绩　SET 成绩=成绩+10　FOR ALL

B)UPDATE 成绩　SET 成绩=成绩+10

C)UPDATE 成绩　SET 成绩=成绩*1.1

D)UPDATE 成绩　SET 成绩=成绩*1.1　FOR ALL

(13)有一数据表GZ,表中有字段"姓名/C/8""工资/N/8/2""性别/C/2"等字段。现在要将所有男职工的工资增加1 000元,正确的命令是(　　　　)。

A)UPDATE ALL 工资=工资+1 000 FOR 性别="男"

B)UPDATE GZ 工资 WITH 工资+1000 FOR 性别="男"

C)UPDATE GZ SET 工资=工资+1000 WHERE 性别="男"

D)UPDATE GZ SET 工资 WITH 工资+1000 WHERE 性别="男"

(14)UPDATE-SQL语句可以完成的功能是(　　　　)。

A)更新表结构

B)更改属性类型

C)修改表中某些列的属性名称

D)修改表中某些列的内容

2)判断题

(1)利用数据环境,将表中备注型字段拖到表单中,会产生一个编辑框控件。(　　)

(2)逻辑删除记录,形式上就是在记录的前面加上删除标记"*"。(　　)

(3)ZAP命令不仅能删除数据表中的所有记录,而且还能删除数据表的结构。(　　)

(4)当数据表刚打开时,记录指针是指向1号记录的,此时BOF(　)函数值为.T.。(　　)

(5)刚打开的空表,BOF(　)、EOF(　)函数的值都为.T.。(　　)

(6)在浏览数据表中的数据时,可以直接修改表中的内容。如果要追加一条记录,需要先选择"显示"菜单中的"追加方式"。(　　)

3)填空题

(1)某数据表中有数学、英语、计算机和总分字段,都是数值型。将所有学生的各门成绩之和存入平均分字段中,应使用的命令是________。

(2)APPEND BLANK命令的作用是在表的________添加空记录。

(3)逻辑删除3号记录,应使用的命令是________。

4）程序填空

表单界面如图 1-14-5 所示，其功能是可供输入或修改数据表 RSDA. dbf（包含：编号/C/8，姓名/C/6，性别/C/2，职称/C/10，出生日期/D，基本工资/N/8，简历/M 等字段）中记录数据。将 RSDA. dbf 添加到表单的数据环境中，从数据环境中将表中字段逐一拖到表单中。要求：单击"第一条"按钮将显示 RSDA. dbf 的第一条记录，单击"上一条"按钮将显示上一条记录，单击"下一条"按钮将显示下一条记录，单击"最后一条"按钮将显示最后一条记录。请选择并完善命令按钮组的 Click 事件代码。

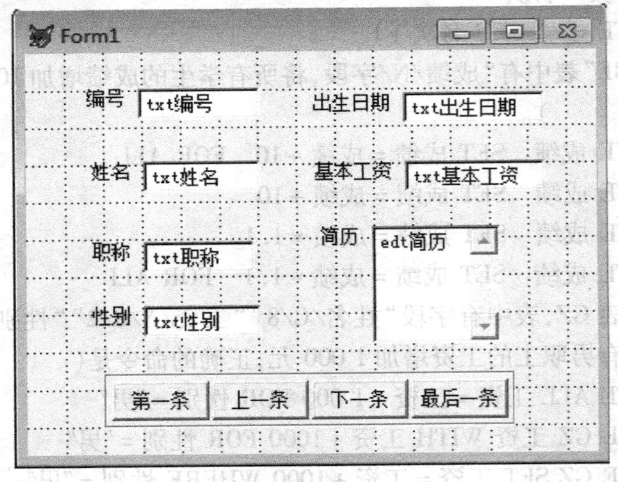

图 1-14-5　表单设计界面

命令按钮组 Commandgroup1 的 Click 事件代码如下：

```
do  CASE
case this. value =1
    ________
case this. value =2
    IF recno( ) >1
        skip  -1
    ELSE
        go bottom
    ENDIF
case this. value =3
    IF  recno( ) < reccount( )     && 函数 RECCOUNT( )返回数据表的总记录数
        skip
    ELSE
        go top
    ENDIF
case this. value =4
    GO BOTTOM
ENDCASE
    ________
```

第6章　查询与统计

实验15　查询、统计和扫描循环

1. 实验目的

- 掌握数据表中记录的顺序查询。
- 掌握数据表中记录的索引查询。
- 理解顺序查询和索引查询的区别。
- 掌握数据表中数据的基本统计。
- 掌握扫描循环语句的使用。

2. 实验任务

在E盘创建子文件夹:ex5－15,将“ex4－11”文件夹中所有的文件复制到“ex5－15”文件夹中,并将“ex5－15”文件夹设置为默认路径。

【任务1】创建如图1-15-1所示的表单,文件名为:bd15-1。表单运行时,在文本框中输入部门后,单击“查询”按钮则输出该部门第一个职工的工号、姓名、出生日期和职务;单击“下一条”按钮,则输出该部门下一个职工的工号、姓名、出生日期和职务;单击“关闭”按钮,则结束表单的运行。

【任务2】创建如图1-15-2所示的表单,文件名为:bd15-2。表单运行时,在组合框Combo1中选择部门后,在文本框Text 1、Text 2中分别输出该部门职工的总人数和平均工龄。

【任务3】创建如图1-15-3所示的表单,文件名为:bd15-3。表单运行时,在组合框中选择职务后,编辑框中输出该职务职工的工号、姓名、性别和工龄。

Form1
请输入查询部门：
Text1
查找
下一条
关闭
工号
txt工号
姓名
txt姓名
出生日期
txt出生日期
职务
txt职务

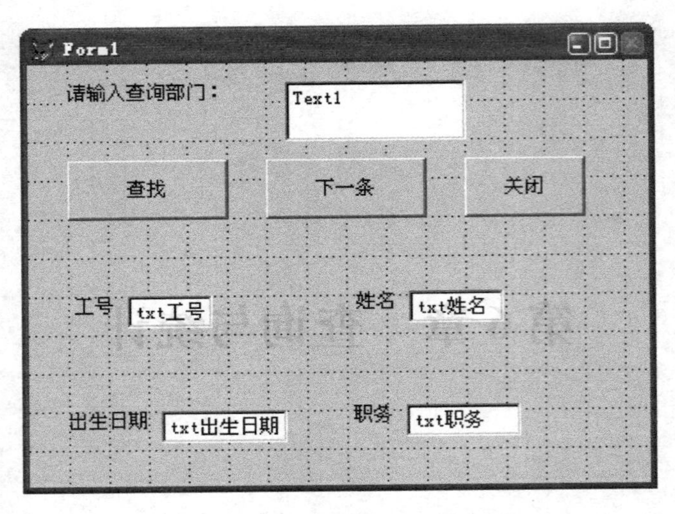

图 1-15-1　根据工号查询职工信息表单

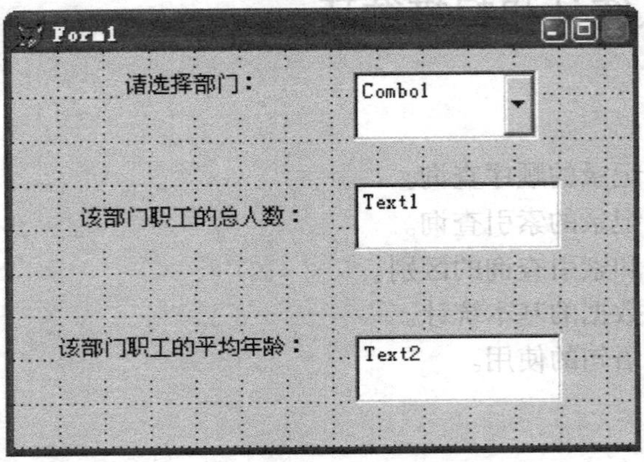

Form1
请选择部门：
Combo1
该部门职工的总人数：
Text1
该部门职工的平均年龄：
Text2

图 1-15-2　根据性别统计职工人数及平均工龄表单

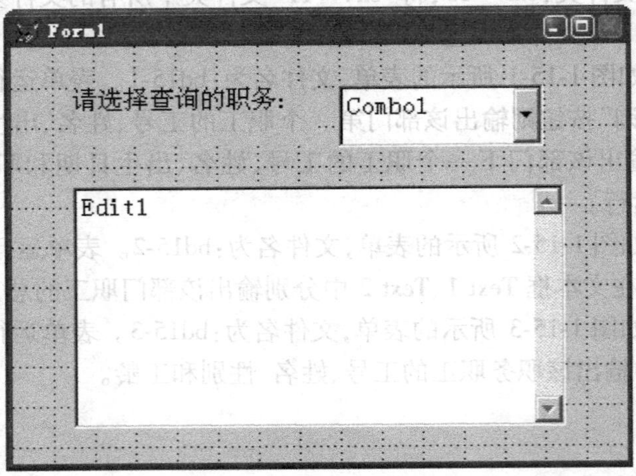

Form1
请选择查询的职务：
Combo1
Edit1

图 1-15-3　根据部门查询职工情况表单

3. 习题

1)选择题

(1)假设有字符型变量 XM 用于存储学生姓名,逻辑型变量 XB 用于存储学生性别(男为.T.,女为.F.),查询姓张的男生,正确的表达式是(　　)。

A)XM ="张"* AND XB = T　　B)XM ="张" AND XB =.T.

C)XM ="张*" OR XB =.T.　　D)XM ="张" AND XM = T

(2)假设打开工资表,按基本工资建立升序索引,然后执行了赋值语句 N = 800,则下列各条命令中,错误的是(　　)。

A)SEEK N　　B)SEEK FOR 基本工资 = N

C)FIND 1000　　D)LOCATE FOR 基本工资 = N

(3)在当前表中,查找第2个女同学的记录,应使用命令是(　　)。

A)LOCATE FOR 性别 ="女"
　NEXT 2

B)LOCATE FOR 性别 ="女"

C)LOCATE FOR 性别 ="女"
　CONTINUE

D)PLAY FOR 性别 ="女"
　NEXT 2

(4)在指定范围内扫描数据表文件,查找满足条件的记录并执行循环体中其他的语句,最合适的循环语句是(　　)。

A)IF…ENDIF　　B)DO CASE…ENDCASE

C)SCAN…ENDSCAN　　D)FOR…ENDFOR

2)判断题

(1)职工表及相关索引已起作用,现要将记录指针定位到第一个工资高于 800 元的记录上,命令是:SEEK 工资 >800。　(　　)

(2)成绩表及相关索引已起作用,现要将记录指针定位到第一个成绩等于 90 分的记录上,命令是:FIND 成绩 =90。　(　　)

(3)使用循环 SCAN…ENDSCAN 命令时,必须用 SKIP 命令移动记录指针。　(　　)

3)程序填空

(1)已知有成绩数据表,其中包括"学号/C/、"课程号/C/、"成绩/N/5/等字段。设计如图 1-15-4 所示的表单,将成绩数据表添加到表单的数据环境中,表单运行后,在表单的文本框 Text 1 中输入学生的学号后,单击"查询"按钮,如该学生存在,则在标签 Label 2 中输出该学生的平均成绩,否则输出"无该学生!",请完善代码。

"查询"按钮的 Click 事件代码如下:

```
xh = ALLTRIM(THISFORM.Text1.VALUE)
________
IF FOUND()
```

```
        Store 0 to zf,n
        Do while ! eof( )
            Zf = zf + 成绩
            N = n + 1
            continue
        Enddo
        Thisform. label 2. caption = "该生的平均成绩为:" + ________
    ELSE
        Thisform. label 2. caption = "无该学生!"
    ENDIF
```

图 1-15-4　表单设计界面

(2)考生数据表 ks. dbf 中有"准考证号/C、密码/C、成绩/N/5"等字段。设计如图 1-15-5所示表单。将考生数据表添加到表单的数据环境中,表单运行后,在表单的文本框 Text 1 中输入查询考生的准考证号,文本框 Text 2 中输入该考生的查询密码后,单击"查询"按钮,查询该考生的成绩,并将该考生的成绩显示在表单的标签 Label 3 中(当考号或密码输入错误时,则弹出提示窗口显示"准考证号或密码错误!"),请完善代码。

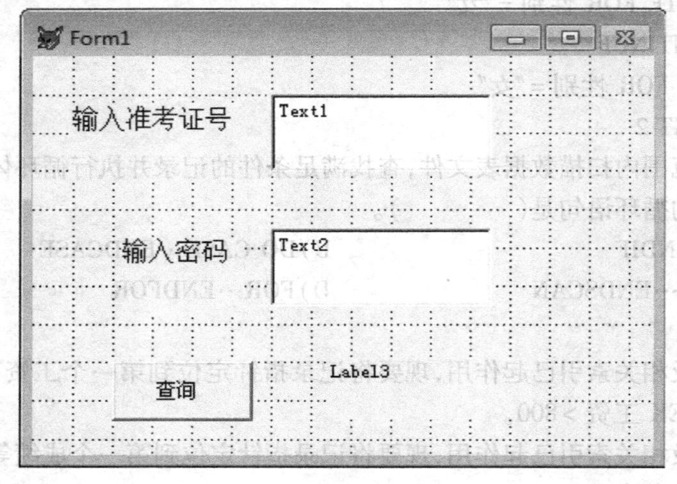

图 1-15-5　表单设计界面

"查询"按钮的 Click 事件代码如下:

```
    kh = ALLTRIM(thisform. text1. value)
    mm = ALLTRIM(thisform. text2. value)
    ____________
    IF FOUND( )
        ____________
    ELSE
        messagebox("准考证号或密码错误!")
    ENDIF
```

(3)有数据表:管理员. dbf(包括用户名,密码两个字段),设计如图 1-15-6 所示的登录表单,将表单中的组合框与数据表中的用户名字段绑定。表单执行后,选择一用户名,输入密码,如果密码正确(与数据表中的密码字段对应),单击“进入”按钮,可以调用表单 MAIN. scx(假设该表单已存在)。如果密码不正确,最多允许输入 3 次,每次给出错误提示,如图 1-15-7 所示。如果 3 次均不正确则直接退出 VFP 系统,并返回操作系统;单击“退出”按钮,可以关闭表单。请将如下程序代码补充完整。

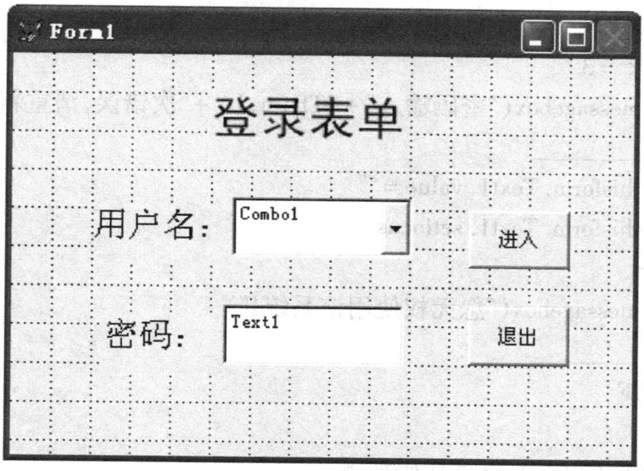

图 1-15-6　表单登录界面

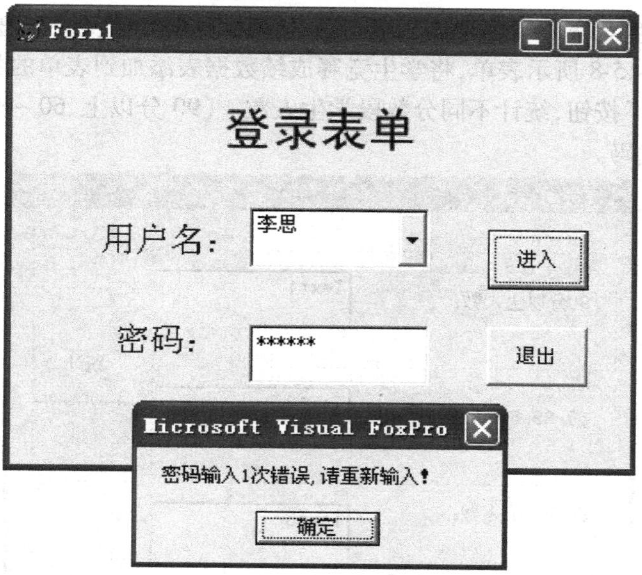

图 1-15-7　表单运行界面

表单 Form1 的 Load 事件代码如下:

Public n

n = 1

命令按钮“进入”的 Click 事件代码:

SELECT 管理员

```
yhm = thisform. combo1. value
mm = thisform. Text1. value
LOCATE FOR 姓名 = yhm
IF 密码 = mm
        DO ________
ELSE
        IF n < =3
            messagebox("密码输入" + STR(n,1) + "次错误,请重新输入!")
            ________
            thisform. Text1. value = ""
            thisform. Text1. setfocus
        ELSE
            messagebox("您无权使用该系统!")
            ________
        ENDIF
ENDIF
```

命令按钮"退出"的 Click 事件代码如下：

____

(4)已知有学生竞赛成绩表 JSCJ. dbf,其中包括"学号/C、姓名/C、班级/C、成绩/N"等字段。设计如图 1-15-8 所示表单,将学生竞赛成绩数据表添加到表单的数据环境中。表单运行后,单击"统计"按钮,统计不同分数段学生人数。(90 分以上、60 ~ 89. 5 分、60 分以下的人数),请完善代码。

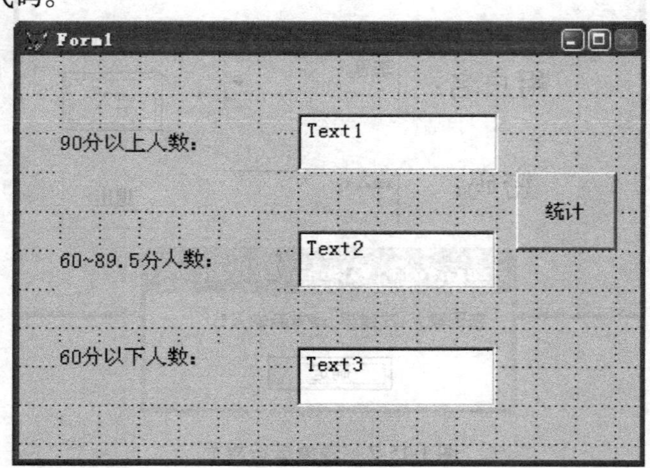

图 1-15-8　表单设计界面

```
STORE  0 TO n1,n2,n3
DO WHILE! EOF()
   DO CASE
      CASE 成绩 >=90
```

```
            N1 = n1 + 1
        CASE ________
            N2 = n2 + 1
        OTHERWISE
            N3 = n3 + 1
    ENDCASE
    ________
EEDDO
thisform. text 1. value = n1
thisform. text 2. value = n2
thisform. text 3. value = n3
```

(5)有图书表文件 TS. dbf,记录数据如表 1-15-1 所示。

表 1-15-1

书　名	出版社	单价/元
计算机基础	重庆大学出版社	28.00
计算机导论	高等教育出版社	21.00
计算机导论	重庆大学出版社	34.80
计算机基础	高等教育出版社	25.00
计算机基础	电子工业出版社	29.00
网页设计	高等教育出版社	30.50
网页设计	重庆大学出版社	27.80

设计如图 1-15-9 所示的表单,将 ts. dbf 添加到表单的数据环境中。表单中有 2 个文本框(Text 1,Text 2),一个命令按钮(Command 1)和 2 个标签(label 1,label 2)。命令按钮 Click 事件代码的功能是根据输入的书名统计图书的平均单价,将统计结果输出到 Text 2 中。若表中没有输入的图书,则在 Text 2 中显示“无该书”,请完善代码。

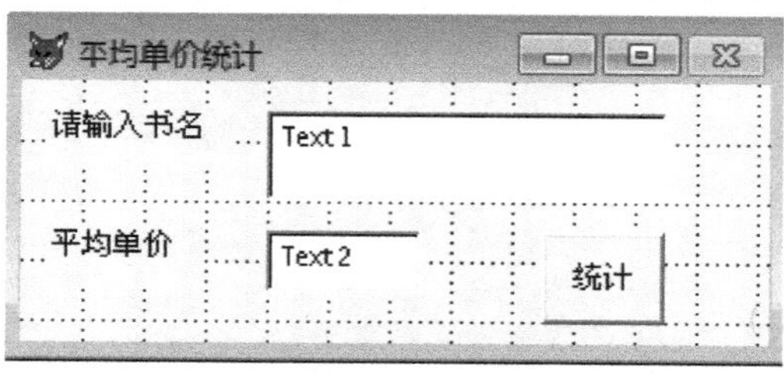

图 1-15-9　表单设计界面

命令按钮 Click 事件代码如下:

```
sm = alltrim(thisform. text1. value)
dj = 0
n = 0
```

```
DO WHILE ________
    IF alltrim(书名) <> sm
        ________
    ELSE
        dj = dj + 单价
        n = n + 1
        SKIP
    ENDIF
  ENDDO
IF n > 0
   thisform. Text2. value =  dj/n
ELSE
   thisform. Text2. value = "无该书"
ENDIF
```

(6)设计如图 1-15-10 所示表单,将考试数据表 KS. dbf(包含:准考证号/C/8、姓名/C/6、成绩/N/5/1 等字段)添加到表单的数据环境中。表单运行后,在标签 Label 2 中输出最高成绩学生的准考证号、姓名及成绩。请完善以下"查询"按钮的 Click 事件代码。

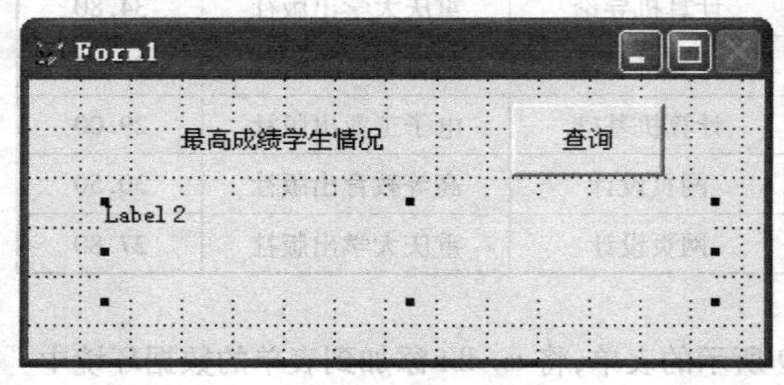

图 1-15-10　表单设计界面

"查询"按钮的 Click 事件代码如下:

```
X = 1
Cj = 成绩
SCAN
   IF __________
       CJ = 成绩
       X = RECNO()
   ENDIF
ENDSCAN
GO X
thisform. refresh
thisform. label 2. caption = __________
```

(7)有如表 1-15-2 所示的成绩表 CJ. dbf,总分字段没有值。设计如图 1-15-11 所示的表单，将 CJ. dbf 添加到表单数据的环境中。表单运行后，单击"计算并显示"按钮，计算出总分字段值，同时将所有记录信息显示在表格中。请将"计算并显示"按钮的 Click 事件代码补充完整。

表 1-15-2

学　号	姓　名	性　别	数学/N	语文/N	总分/N
12010	涂思思	女	75	50	
12020	游山水	男	82	73	
12001	周　全	男	80	85	
12002	冯媛媛	女	60	95	

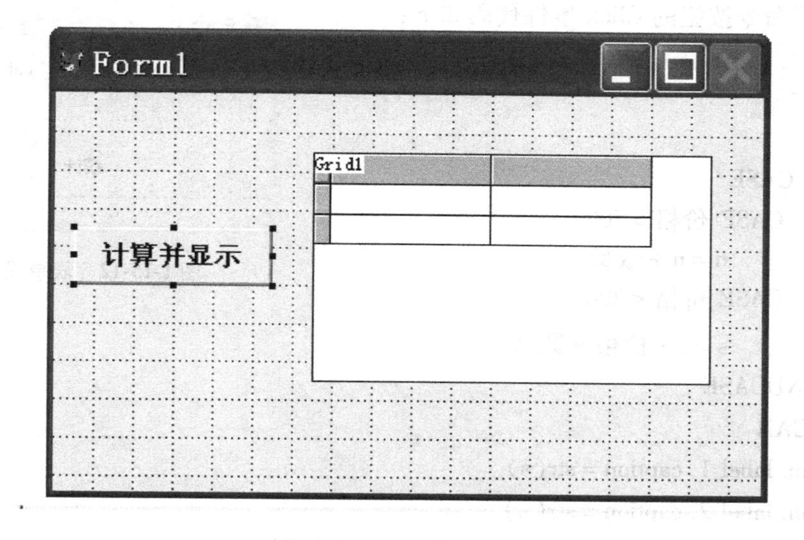

图 1-15-11　设计界面

"计算并显示"按钮的 Click 事件代码如下：

```
GO TOP
DO WHILE ________
    REPLACE 总分 WITH 数学+语文
    ________
ENDDO
thisform.grid1.recordsource ="cj"
```

4）读程序

（1）有商品信息表 SPXX. dbf，表中数据如表 1-15-3 所示，设计如图 1-15-12 所示表单，将商品信息表添加到表单数据环境中，表单运行时，单击"统计"命令按钮，两个标签（Label 1，Label 2）中分别显示的结果是什么？

表 1-15-3

商品名	单价/元	数　量
电视机	5 798	4
电饭煲	198	10
电风扇	288	5
洗衣机	2 288	3
电冰箱	6 798	2
电吹风	90	10

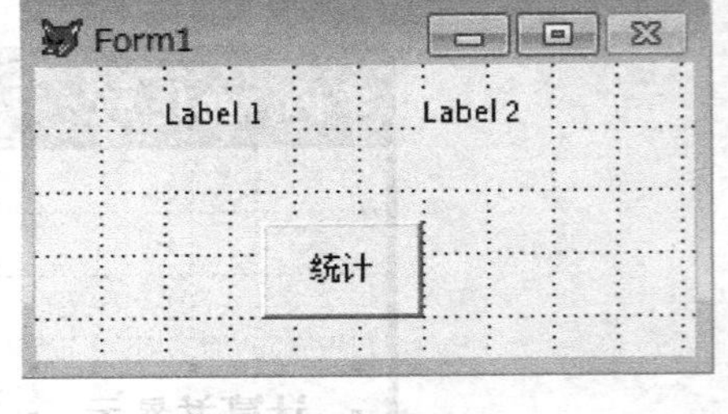

图 1-15-12　表单设计界面

“统计”命令按钮的 Click 事件代码如下：

```
s =0
n =0
SCAN
   DO CASE
        CASE 价格 >5000
             n = n + 数量
        CASE 价格 <200
             s = s + 价格 * 数量
   ENDCASE
ENDSCAN
thisform. label 1. caption = str( s)
thisform. label 2. caption = str( n)
```

(2)已知有一个股票信息表(GPXX. dbf),内容如下：

股票代码	股票名称	单价/元
601899	紫金矿业	8.00
600188	兖州煤业	20.19
601001	大同煤业	18.45
601318	中国平安	52.89
000758	中色股份	23.50
600605	轻工机械	8.00
000426	富龙热电	23.48
000835	四川圣达	8.56

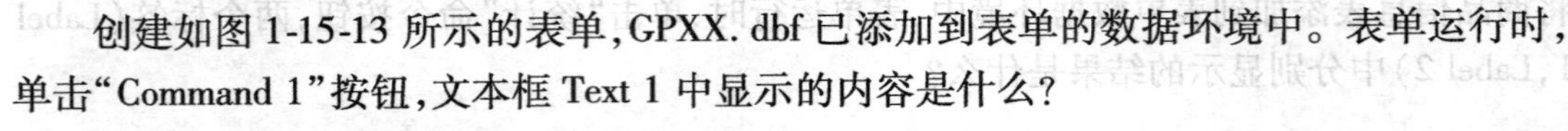

创建如图 1-15-13 所示的表单,GPXX. dbf 已添加到表单的数据环境中。表单运行时,单击“Command 1”按钮,文本框 Text 1 中显示的内容是什么?

“Command 1”按钮的 Click 事件代码如下：

```
a =0
SCAN  FOR 单价 >15
```

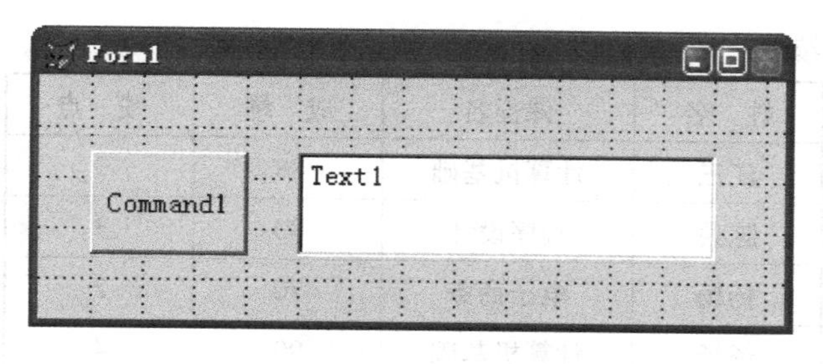

图 1-15-13　表单设计界面

```
        a = a + 1
        SKIP
    ENDDO
    thisform.text1.value = a
```

(3)数据表 KS.dbf 的数据如下所示,设计如图 1-15-14 所示表单,将数据表 KS.dbf 添加到表单的数据环境中。表单运行后,单击命令按钮,标签 Label 1 应该显示的内容是什么?

准考证号(C)	姓名(C)	成绩(N)
2013101	刘小雪	86.0
2013102	王　梅	52.0
2013103	李云芳	78.0
2013104	赵春阳	49.0
2013105	吕佳佳	93.0

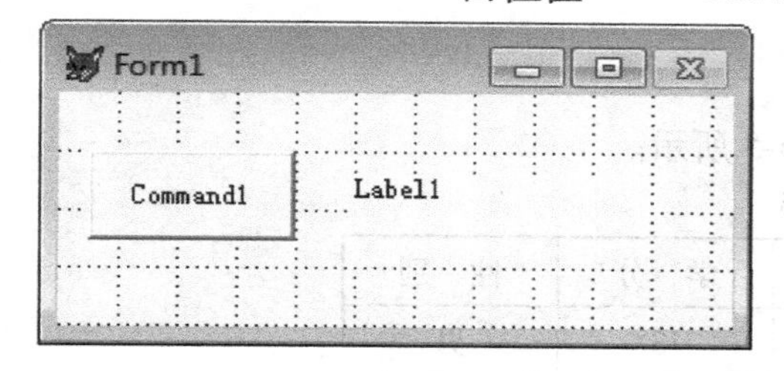

图 1-15-14　表单设计界面

命令按钮的 Click 事件代码如下:

```
C = ""
scan
  IF val(准考证号)%2 = 0
     SKIP
  ELSE
     c = c + 姓名 + str(总分,5) + space(2)
  ENDIF
ENDSCAN
thisform.label1.caption = c
```

(4)有学生成绩表 XSCJ.dbf,表中数据如表 1-15-4 所示,设计如图 1-15-15 所示的表单,将学生成绩表添加到表单数据环境中。表单运行时,单击“统计”命令按钮,两个标签(Label 1,Label 2)中分别显示的结果如下。

表 1-15-4

姓　名	课程名	成　绩	绩　点
陈兵	计算机基础	92	4
杨昆	计算机基础	68	1

续表

姓　名	课程名	成　绩	绩　点
江三	计算机基础	88	3
陈兵	程序设计	80	3
杨杨	电子商务	70	2
杨杨	计算机基础	90	4

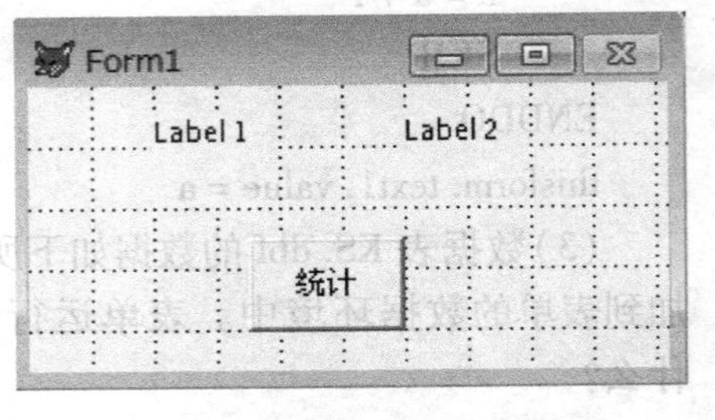

图 1-15-15　表单设计界面

"统计"命令按钮的 Click 事件代码如下：

```
sc =0
sd =0
n =0
SCAN
    IF  课程名 ="计算机基础" AND 成绩 >80
        sc = sc + 成绩
        sd = sd + 绩点
        n = n +1
    ENDIF
    SKIP
ENDSCAN
thisform. label1. caption = str(sc/n)
thisform. label2. caption = str(sd)
```

5. 已知数据表"学生. dbf"中的记录如表 1-15-5 所示。

表 1-15-5

学　号	姓　名	学　分	性　别
09104	郑刚	13	男
09202	王康	7	男
09111	刘伟	10	女
09203	万里	5	男
09300	赵萍	8	女

设计如图 1-15-16 所示表单，将学生. DBF 添加到表单的数据环境中。表单运行后，当在上面一个文本框 Text 1 中输入"男"时，单击"输出"命令按钮，在文本框 Text 2 中输出的结果是什么？

"输出"命令按钮的 Click 事件代码如下：

```
K =0
SCAN FOR 性别 = ALLTRIM(Thisform. Text1. Value)
IF 学号%2 =0
```

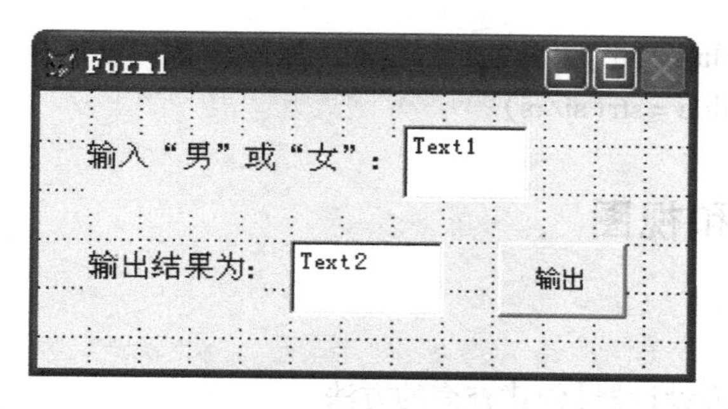

图 1-15-16　表单设计界面

```
K = K + 学分
        ENDIF
ENDSCAN
Thisform. Text2. Value = STR(K,4)
```

6. 有考生成绩表 KS. dbf,表中数据如表 1-15-6 所示(表已添加到表单数据环境中),表单上有 3 个文本框(Text 1,Text 2,Text 3),1 个命令按钮。命令按钮的 Click 事件代码如下。表单运行时,单击命令按钮,3 个文本框中分别输出的结果是什么?

表 1-15-6

姓　名	笔试成绩	上机成绩
刘谦	90	80
杨洋	80	70
陈颖	90	58
张良	70	90
王辉	80	60
王刚	90	50

命令按钮的 Click 事件代码如下:

```
bs = 0
sj = 0
rs = 0
DO WHILE . NOT. EOF(  )
  IF 笔试成绩 > =60 AND 上机成绩 >70
     bs = bs + 笔试成绩
    sj = sj + 上机成绩
    rs = rs + 1
  ENDIF
  SKIP
ENDDO
thisform. text 1. value = str(rs)
```

```
thisform. text 2. value = str( bs/rs)
thisform. text 3. value = str( sj/rs)
```

实验 16　查询和视图

1. 实验目的

- 掌握使用【查询设计器】创建查询的方法。
- 体会查询的用途。
- 掌握使用【视图设计器】创建视图的方法。
- 了解视图的概念。
- 体会视图与查询的区别。

2. 实验任务

在 E 盘创建子文件夹:ex5 - 16,将“ex4 - 11”文件夹中所有的文件复制到“ex5 - 16”文件夹中,并将“ex5 - 16”文件夹设置为默认路径。

【任务 1】创建一个查询文件 QHBCX. qpr,查询企划部职工的基本信息,并按职工年龄的降序排序,运行界面如图 1-16-1 所示。

查询

工号	姓名	性别	出生日期	职务	部门	工作日期	照片
1988011	张建设	男	03/24/68	职员	企划部	05/16/88	gen
1999345	张浩然	男	04/13/77	主管	企划部	07/15/99	gen
2007045	王阳	男	03/25/86	职员	企划部	08/10/07	gen

图 1-16-1　查询文件 QHBCX. qpr 运行界面

【任务 2】创建一个查询文件 ZYCX. qpr,查询职务为“职员”职工的工资信息,包括职工的姓名、基本工资、奖金和津贴,运行界面如图 1-16-2 所示。

【任务 3】利用视图设计器为数据库文件“ZGGL. dbc”创建一个本地视图文件 ZGGZ. vue,要求显示工号、姓名、基本工资、奖金和津贴,用户可以通过该视图对 GZ. dbf 中的奖金进行修改,浏览界面如图 1-16-3 所示。

查询

姓名	基本工资	津贴	奖金
张建设	2200.00	800.00	100.00
聂英	2300.00	700.00	100.00
王阳	2000.00	1000.00	300.00
李航	2100.00	1200.00	400.00

图 1-16-2　查询文件 ZYCX. qpr 运行界面

Zggz

姓名	基本工资	津贴	奖金
王宏伟	3500.00	1800.00	500.00
张建设	2200.00	800.00	100.00
唐怡然	4200.00	2000.00	600.00
聂英	2300.00	700.00	100.00
王阳	2000.00	1000.00	300.00
李航	2100.00	1200.00	400.00
张浩然	5000.00	2000.00	600.00

图 1-16-3　视图文件 ZGGZ. vue 浏览界面

【任务4】利用视图向导为数据库文件"ZGGL. dbc"创建一个本地视图文件 VGZ. vue,浏览基本工资低于3 000元的职工的情况。该视图包含工号、姓名、出生日期和基本工资等字段,并按基本工资的升序排序,浏览界面如图1-16-4所示。

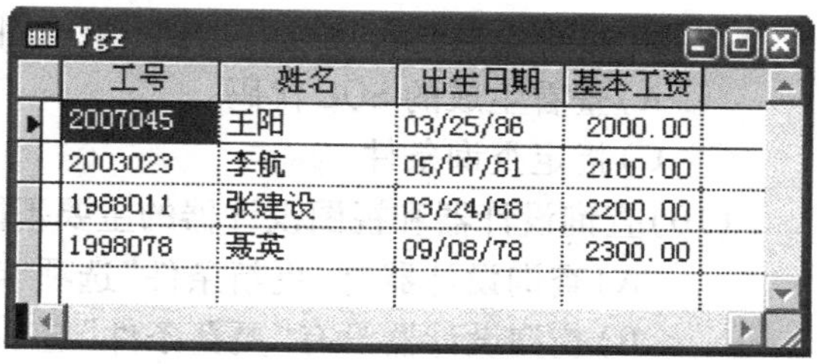

Vgz

工号	姓名	出生日期	基本工资
2007045	王阳	03/25/86	2000.00
2003023	李航	05/07/81	2100.00
1988011	张建设	03/24/68	2200.00
1998078	聂英	09/08/78	2300.00

图1-16-4 视图文件 VGZ. vue 浏览界面

3. 习题

1)选择题

(1)视图不能单独存在,它必须依赖于(　　　　)。

A)视图　　B)数据表　　C)数据库　　D)查询

(2)下列关于视图的描述中,错误的是(　　　　)。

A)通过视图可以对表进行查询　　B)通过视图可以对表进行更新

C)视图是一个虚表　　D)视图就是一种查询

(3)以下关于"视图"的描述正确的是(　　　　)。

A)视图就是一种查询

B)视图保存在数据库中

C)视图只能从一个表派生出来

D)视图是一个预先定义好的 SQL SELECT 语句文件

(4)下面关于视图的说法不正确的是(　　　　)。

A)在 VFP 中视图是一个定制的虚拟表

B)视图只能是本地的不能是远程的,而且不可以带参数

C)视图可以引用一个或多个表

D)视图可以引用其他视图

(5)在视图设计器的"更新条件"选项卡中,如果出现"铅笔"标志,表示(　　　　)。

A)该字段为关键字　　B)该字段为非关键字

C)该字段可以更新　　D)该字段不可以更新

(6)在视图设计器中有,而在查询设计器中没有的选项卡是(　　　　)。

A)排序依据　　B)更新条件　　C)分组依据　　D)杂项

(7)在 VFP 中建立查询后,可以从表中提取符合指定条件的一组记录,(　　　　)。

A)但不能修改记录

B)同时又能更新数据

C)但不能设定输出字段

D)同时可以修改数据,但不能将修改的内容写回原表

(8)查询设计器中的"筛选"选项卡用来(　　　　)。

A)编辑联接条件　　B)指定查询条件

C)指定排序属性　　D)指定是否要重复记录

(9)查询设计器中的"筛选"选项卡的作用是(　　)。

A)查看生成的 SQL 代码　　B)选择查询的字段

C)指定查询条件　　D)指定查询分组

(10)查询设计器和视图设计器的主要不同表现在于(　　)。

A)查询设计器有"更新条件"选项卡,没有"查询去向"选项

B)查询设计器没有"更新条件"选项卡,有"查询去向"选项

C)视图设计器没有"更新条件"选项卡,有"查询去向"选项

D)视图设计器有"更新条件"选项卡,也有"查询去向"选项

2)判断题

(1)数据环境中的表或视图不可以与表单同时打开。　(　　)

(2)视图是在数据表的基础上建立的一种虚拟表。　(　　)

(3)视图与查询不同,视图只能依赖于某一个数据库而存在,并且只有打开相关数据库后才能创建和使用视图。　(　　)

(4)视图与查询的功能类似,都是用于显示数据表中符合条件的记录,且不能对记录进行修改、增加、删除操作。不同点在于,视图依赖、存储于数据库中,而查询以单独文件保存。　(　　)

实验 17　基于单表的 SQL 查询

1. 实验目的

- 掌握 SQL 查询的基本格式 SELEC…FROM…。
- 掌握 SQL 查询中 WHERE 子句的使用。
- 掌握 SQL 查询中 ORDER BY 及 TOP 子句的使用。
- 掌握 SQL 查询中常用统计函数的使用。
- 掌握 SQL 查询中 GROUP BY 及 HAVING 子句的使用。
- 理解 WHERE 和 HAVING 子句的区别。

2. 实验任务

在 E 盘创建子文件夹:ex5 - 17,将"ex4 - 11"文件夹中所有的文件复制到"ex5 - 17"文件夹中,并将"ex5 - 17"文件夹设置为默认路径。

【任务 1】创建如图 1-17-1 所示的表单,文件名为:bd17-1。表单运行时,单击第 1 个按钮则输出 ZG. dbf 表中所有职工的信息;单击第 2 个按钮输出 ZG. dbf 表中所有职务为"职员"的职工的工号、姓名、性别和部门;单击第 3 个按钮输出 ZG. dbf 表中所有部门名,不输出重复值。

【任务 2】创建如图 1-17-2 所示的表单,文件名为:bd17-2。表单运行时,单击第 1 个按钮,在表格中按年龄的降序输出职工的信息;单击第 2 个按钮,在表格中按部门的升序输出,部门相同时按工龄的降序输出职工的信息;单击第 3 个按钮,在表格中输出工龄最长的两位职工的姓名和年龄。

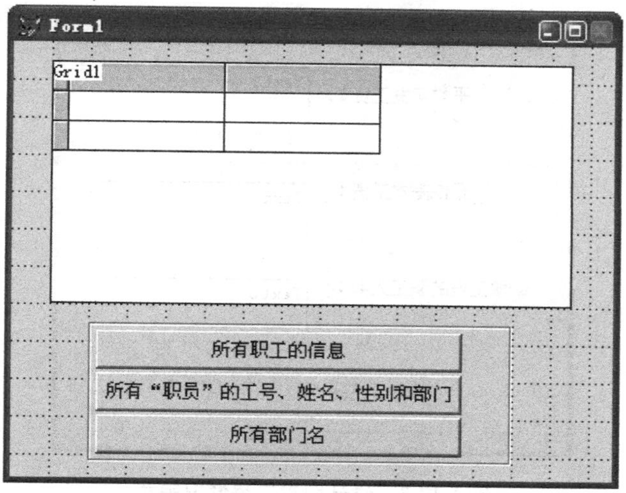

图 1-17-1　查询职工表信息表单

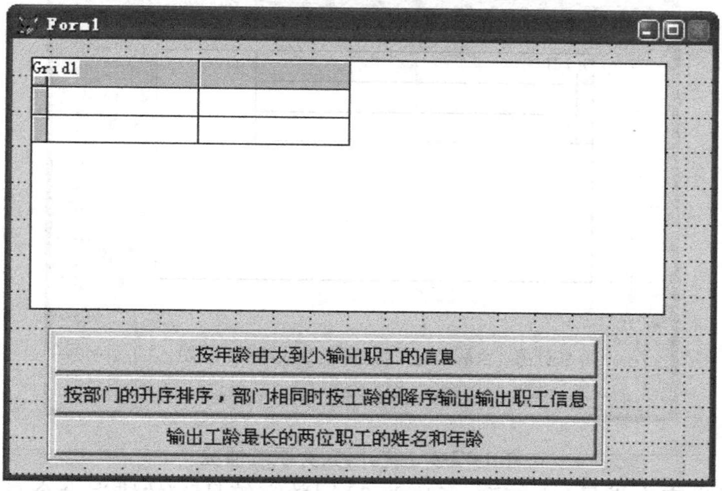

图 1-17-2　排序表单

【任务 3】创建如图 1-17-3 所示的表单,文件名为:bd17-3。表单运行时,单击“统计”按钮,输出职工的平均实发工资、最低基本工资以及领取工资的职工人数。

【任务 4】创建如图 17-4 所示的表单,文件名为:bd17-4。表单运行时,单击命令按钮则输出男、女职工的平均工龄、最大年龄和人数。

3. 习题

1)选择题

(1)查询“职工.dbf”表中身份证号(C,18)尾字符是"x"的命令是(　　　　)。

A)SELECT * FROM 职工 WHERE "x" $ 身份证号

B)SELECT * FROM 职工 WHERE RIGHT(身份证号,1) = "x"

C)SELECT * FROM 职工 WHERE SUBSTR(身份证号,2) = "x"

D)SELECT * FROM 职工 WHERE SUBSTR(身份证号,2,1) = "x"

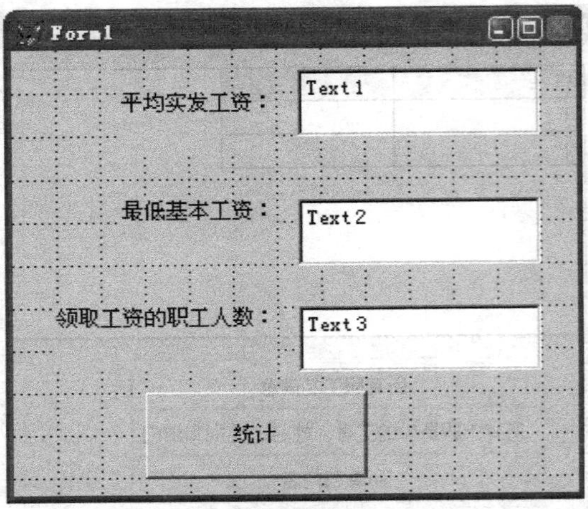

图 1-17-3　统计职工工资情况表单

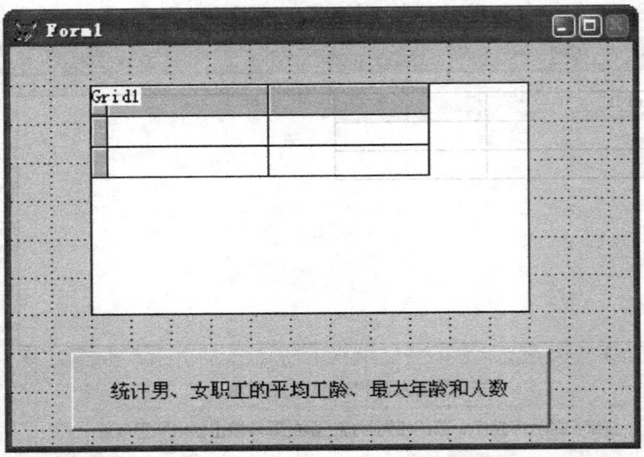

图 1-17-4　统计男、女职工情况

(2)查询学生表中学号(字符型,长度为2)尾数字符是"1"的错误命令是(　　　　)。

A)SELECT FROM 学生表 WHERE "1" $ 学号

B)SELECT FROM 学生表 WHERE RIGHT(学号,1) = "1"

C)SELECT FROM 学生表 WHERE SUBSTR(学号,2) = "1"

D)SELECT FROM 学生表 WHERE SUBSTR(学号,2,1) = "1"

(3)查询客户名称中有“电子”二字的客户信息的正确命令是(　　　　)。

A)SELECT * FROM 客户 FOR 名称 LIKE "*电子*"

B)SELECT * FROM 客户 FOR 名称 = "%电子%"

C)SELECT * FROM 客户 WHERE 名称 = "*电子*"

D)SELECT * FROM 客户 WHERE 名称 LIKE "%电子%"

(4)在 SQL 语句中,与表达式“价格 BETWEEN 100 AND 500”功能相同的表达式是(　　　　)。

A)价格 <=100 AND 价格 >=500　　B)价格 <=500 AND 价格 >=100

C)价格 <=100 OR 价格 >=500　　D)价格 <=500 OR 价格 >=100

(5)在教师表JSB.dbf中查询“工作日期”的年份在2009—2015年的教师信息,应输入的命令是(　　)。

A)SELECT * FROM jsb WHERE 2009 < YERAR(工作日期) <2015

B)SELECT 信息 FROM jsb WHERE YEAR(工作日期)BETWEEN 2015 AND 2009

C)SELECT * FROM jsb WHERE YEAR(工作日期)BETWEEN 2009 AND 2015

D)SELECT 信息 WHERE 2009 < YEAR(工作日期) <2015 FROM jsb

(6)假设有数据表“考生成绩.dbf”,包含学号/C和成绩/N字段,求表中成绩最高的记录应输入(　　)命令。

A)SELECT MAX(成绩)From 考生成绩

B)SELECT MIN(成绩)From 考生成绩

C)SELECT AGV(成绩)From 考生成绩

D)SELECT SUM(成绩)From 考生成绩

(7)数据表RS中有“姓名/C/8”“性别/C/2”等字段,要求统计表中男职工的人数,正确的命令是(　　)。

A)SELECT 人数 FROM RS WHERE 性别="男"

B)SELECT COUNT(*)AS 男职工人数 FROM RS FOR 性别="男"

C)SELECT * FROM RS FOR 性别="男"

D)SELECT COUNT(*)AS 男职工人数 FROM RS WHERE 性别="男"

(8)设有订单表ORDER.dbf(其中包括字段:订单号,客户号,职员号,签订日期,金额),查询2014年所签订单的信息,并按金额降序排序,正确的SQL命令是(　　)。

A)SELECT * FROM order WHERE YEAR(签订日期)=2014 ORDER BY 金额 DESC

B)SELECT * FROM order WHILE YEAR(签订日期)=2014 ORDER BY 金额 ASC

C)SELECT * FROM order WHERE YEAR(签订日期)=2014 ORDER BY 金额 ASC

D)SELECT * FROM order WHILE YEAR(签订日期)=2014 ORDER BY 金额 DESC

(9)在成绩表中查询“总分”前3名学生的记录,正确的命令是(　　)。

A)SELECT * TOP 3 FROM 成绩表 WHERE 总分 DESC

B)SELECT * TOP 3 FROM 成绩表 GROUP BY 总分 DESC

C)SELECT * TOP 3 FROM 成绩表 ORDER BY 总分

D)SELECT * TOP 3 FROM 成绩表 ORDER BY 总分 DESC

(10)设有学生XS(学号,姓名,性别,年龄),查询所有年龄≤18岁的女同学,并按年龄进行降序排序生成新的表NS,正确的SQL命令是(　　)。

A)SELECT * FROM XS WHERE 性别="女" AND 年龄 <=18 ORDER BY 4 DESC ;
INTO TABLE NS

B)SELECT * FROM XS WHERE 性别="女" AND 年龄 <=18 ORDER BY 年龄
INTO TABLE NS

C)SELECT 女同学 FROM XS WHERE 性别="女" AND 年龄 <=18;

ORDER BY "年龄" DESC INTO TABLE NS

D)SELECT 女同学 FROM XS WHERE 性别 ="女" AND 年龄 <=18 ;

ORDER BY "年龄" ASC INTO TABLE NS

(11)设学生表(XS. dbf)中有学号,姓名和籍贯等字段,SQL 语句"SELECT 姓名 FROM xs WHERE 籍贯 ='重庆'"中 WHERE 子句完成的关系运算是(　　)。

A)投影　B)连接　C)选择　D)并

(12)使用(　　)短语可以将查询结果存放到永久表中。

A)TO SCREEN　B)INTO ARRAY

C)INTO CURSOR　D)INTO DBF|TABLE

(13)在 SELECT—SQL 的查询结果中,消除重复记录的方法是(　　)。

A)通过指定主关键字　B)通过指定唯一索引

C)使用 DISTINCT 子句　D)使用 HAVING 子句

(14)要显示数据表 STU. DBF 中"平均分"超过 90 分和不及格的全部女生记录,应使用的 SQL 命令是(　　)。

A)SELECF * FROM STU WHERE 性别 ='女'. OR. (平均分 >=90. AND. 平均分 <=60)

B)SELECT * FROM STU WHERE 性别 ="女". AND. 平均分 >90. AND. 平均分 <60

C)SELECT * FROM STU WHERE 性别 ='女'. AND. 平均分 >90. OR. 平均分 <60

D)SELECT * FROM STU WHERE 性别 ="女". AND. (平均分 >90. 0R. 平均分 <60)

(15)下面关于 HAVING 子句,描述错误的是(　　)。

A)HAVING 子句必须与 GROUP BY 子句同时使用,不能单独使用

B)HAVING 子句不能与 WHERE 子句同时使用

C)使用 HAVING 子句的作用是限制分组条件

D)HAVING 子句可以与 WHERE 子句同时使用

(16)使用(　　)短语可以将查询结果存放到数组中。

A)TO SCREEN　B)INTO ARRAY

C)INTO CURSOR　D)INTO DBF|TABLE

(17)在查询设计器中,"分组依据"选项卡对应(　　)语句。

A)JOIN ON　B)WHERE

C)ORDER BY　D)GROUP BY

(18)—(21)题基于数据表 Student. dbf,如表 1-17-1 所示。

表 1-17-1

学号	姓　名	性　别	籍　贯	成　绩
201301031001	王宏伟	男	北京	637
200301031002	刘林	女	上海	645
200301031003	李红怡	女	北京	653
200302032001	张清婉	女	上海	627
200302032002	刘雷	男	上海	635
200303032004	费欣	男	北京	632
200303032003	张扬	女	重庆	653
200303031004	王欣	男	天津	665

(18)查询 student. dbf 中姓王的学生的学号和籍贯,正确的 SQL 语句是(　　　)。

A)SELECT 学号,籍贯 FROM student WHERE 姓名 $ "王%"

B)SELECT 学号,籍贯 FROM student WHERE 姓名 = "王%"

C)SELECT 学号,籍贯 FROM student WHERE 姓名 like "王 *"

D)SELECT 学号,籍贯 FROM student WHERE 姓名 like "王%"

(19)查询北京籍男生的信息,正确的 SQL 语句是(　　　)。

A)SELECT * FROM student where 籍贯 = "北京" and 性别 = "男"

B)SELECT * FROM student where 籍贯 = "北京" or 性别 = "男"

C)SELECT 信息 FROM student where 籍贯 = "北京" and 性别 = "男"

D)SELECT 信息 FROM student where 籍贯 = "北京" or 性别 = "男"

(20)查询入学成绩超过平均入学成绩的学生的姓名,正确的 SQL 语句是(　　　)。

A)SELECT 姓名 FROM student WHERE 入学成绩 > AVG(入学成绩)

B)SELECT 姓名 FROM student WHERE 入学成绩 > ;
　(SELECT AVG(入学成绩)FROM student)

C)SELECT 姓名 FROM student WHERE 入学成绩 > ;
　(SELECT AVERAGE(入学成绩)FROM student)

D)SELECT 姓名 FROM student where 入学成绩 > AVERAGE(入学成绩)

(21)统计各地学生的人数,并按人数的降序排序,正确的 SQL 语句是(　　　)。

A)SELECT 籍贯,COUT(*)as 人数 FROM student;
　GROUP BY 籍贯 ORDER BY 人数 DESC

B)SELECT 籍贯,COUT(*)as 人数 FROM student;
　GROUP BY 籍贯 ORDER BY COUNT(*)DESC

C)SELECT 籍贯,COUT(*)as 人数 FROM student;
　GROUP BY 籍贯 ORDER BY 人数

D)SELECT 籍贯,COUT(*)as 人数 FROM student;
　GROUP BY 籍贯 ORDER BY COUNT(*)

(22)—(25)题基于如表下所示的各科成绩表(GKCJ. dbf)的数据。

考号	姓名	性别	语文	数学	英语	综合
601899	张宏伟	男	115.0	128.5	132.0	256.5
600188	王丽萍	女	105.5	90.0	98.5	189.0
601001	李梦竹	女	121.0	132.0	140.5	270.0
601318	贾鑫	男	85.0	113.5	92.0	221.5
600758	张新宇	男	118.5	125.5	124.0	251.5
600605	周志琪	男	110.5	132.0	112.0	262.5
600426	王福来	男	75.0	90.0	85.5	167.0
600835	张晓雅	女	93.0	82.5	110.0	176.0

(22)查询数学成绩 > 120 分且总分超过 600 分的学生的姓名,SQL 语句是(　　)。

A)SELECT * FROM gkcj WHERE 数学 >120 AND 总分 >600

B)SELECT * FROM gkcj WHERE 数学 >120 OR 总分 >600

C)SELECT 姓名 FROM gkcj WHERE 数学 >120 AND 总分 >600

D)SELECT 姓名 FROM gkcj WHERE 数学 >120 OR 总分 >600

(23)有如下 SQL 语句:

SELECT 姓名,综合 FROM gkcj ORDER BY 综合 TOP 1 INTO dbf xx

执行该语句后表 xx 的内容为(　　)。

A)与 gkcj 表的内容相同

B)王福来　167.0

C)601001　李梦竹　121.0　132.0　140.5　270.0

D)600426　王福来　75.0　90.0　85.5　167.0

(24)执行如下 SQL 语句后:

SELECT COUNT(*)FROM gkcj　WHERE 数学 = ;

(SELECT MIN(数学)FROM gkcj)INTO array a

数组 a 的值是(　　)。

A)1　B)2　C)90　D)8

(25)统计男、女生的平均总分,并按平均分的降序排序,下列语句正确的是(　　)。

A)SELECT 性别,AVG(总分)AS 平均分 FROM gkcj GROUP BY 性别

B)SELECT 性别,AVG(总分)AS 平均分 FROM gkcj GROUP BY 性别 ORDER BY AVG(总分)

C)SELECT 性别,AVG(总分)AS 平均分 FROM gkcj GROUP BY 性别 ORDER BY 平均分

D)SELECT 性别,AVG(总分)AS 平均分 FROM gkcj GROUP BY 性别 ORDER BY 平均分 desc

(26)—(28)题基于如下两个数据表:

订单.dbf(订单号/C/6,职员号/C/4,客户号/C/8,金额/N/8/0)。

客户.dbf(客户号/C/8,电话/C/11,城市/C/10,爱好/C/14)。

(26)查询客户表中“爱好”字段中包含“足球”的客户号和电话,正确的 SQL 语句是(　　)。

A)SELECT 客户号,电话 FROM 客户 WHERE 爱好 $ "% 足球%"

B)SELECT 客户号,电话 FROM 客户 WHERE 爱好 = "% 足球%"

C)SELECT 客户号,电话 FROM 客户 WHERE 爱好 like " * 足球 * "

D)SELECT 客户号,电话 FROM 客户 WHERE 爱好 like "% 足球%"

(27)查询超过 5 条订单,且平均金额大于 3000 元的职员号,正确的 SQL 语句是(　　)。

A)SELECT 职员号 FROM 订单 GROUP BY 职员号;
HAVING COUNT(*) >5 AND AVG_金额 >3000

B)SELECT 职员号 FROM 订单 GROUP BY 职员号 HAVING COUNT(*) <=5;
WHERE AVG(金额) >3000

C)SELECT 职员号 FROM 订单 GROUP BY 职员号 HAVING COUNT(*) >5;
AND AVG(金额) >3000

D)SELECT 职员号 FROM 订单 GROUP BY 职员号 WHERE COUNT(*) <=5;
AND AVG(金额) >3000

(28)查询订单金额在 1 300 ~ 2 600 元的全部记录并存储于临时表文件 TEMP 中的 SQL 命令是(　　)。

A) SELECT * FROM 订单 WHERE BETWEEN 1300 AND 2600 INTO CURSOR TEMP

B)SELECT * FROM 订单 WHERE 金额 BETWEEN 1300 AND 2600;
INTO CURSOR TEMP

C)SELECT * FROM 订单 WHERE BETWEEN 金额 1300 AND 2600;
INTO DBF TEMP

D)SELECT * FROM 订单 WHERE 金额 >1300 AND 2600 TO DBF TEMP

(29)—(30)题基于论文评审所需的两个数据表如下:

学生. DBF(学号/C/6,姓名/C/6,论文名/C/30,专业/C/30)。

分数. DBF(教师号/C/6,分数/N/4/1,学号/C/6),每名学生的论文由 5 位老师打分,每位老师对每篇论文的打分对应一条记录。

(29)查询“论文名”中包含“网络安全”的学生姓名和论文名,正确的 SQL 语句是(　　)。

A)SELECT 姓名,论文名 FROM 学生 WHERE 论文名 like "网络安全"

B)SELECT 姓名,论文名 FROM 学生 WHERE 论文名 = "% 网络安全%"

C)SELECT 姓名,论文名 FROM 学生 WHERE "网络安全" $ 论文名

D)SELECT 姓名,论文名 FROM 学生 WHERE 论文名 $ "网络安全"

(30)查询输出分数表中每位学生论文的总得分,正确的 SQL 语句是(　　)。

A)SELECT 学号,SUM(分数)　FROM 分数

B)SELECT 学号,SUM_分数 FROM 分数

C)SELECT 学号,SUM(分数)FROM 分数　GROUP BY 学号

D)SELECT 学号,SUM_分数 FROM 分数 GROUP BY 学号

(31)—(33)题基于"运动员"表,其内容和结构如下:

运动员号	投中2分球	投中3分球	罚球
1	3	4	5
2	2	1	3
3	0	0	0
4	5	6	7

(31)为"运动员"表增加一个字段,"得分"的 SQL 语句是(　　)。

A)CHANGE TABLE 运动员 ADD 得分 N(2,0)

B)ALTER DATA 运动员 ADD 得分 N(2,0)

C)ALTER TABLE 运动员 ADD 得分 N(2,0)

D)CHANGE TABLE 运动员 INSERT 得分 N(2,0)

(32)计算每名运动员"得分"(28 题增加的字段)的正确 SQL 语句是(　　)。

A)UPDATE 运动员 FIELD 得分 =2 * 投中 2 分球 +3 * 投中 3 分球 + 罚球

B)UPDATE 运动员 FIELD 得分 WITH 2 * 投中 2 分球 +3 * 投中 3 分球 + 罚球

C)UPDATE 运动员 SET 得分 WITH 2 * 投中 2 分球 +3 * 投中 3 分球 + 罚球

D)UPDATE 运动员 SET 得分 =2 * 投中 2 分球 +3 * 投中 3 分球 + 罚球

(33)查询"投中 3 分球"≤5 个的运动员中"得分"最高的运动员的"得分",正确的 SQL 语句是(　　)。

A)SELECT MAX(得分)as 得分 FROM 运动员 WHERE 投中 3 分球 <=5

B)SELECT MAX(得分)as 得分 FROM 运动员 WHEN 投中 3 分球 <=5

C)SELECT 得分 = MAX(得分)FROM 运动员 WHERE 投中 3 分球 <=5

D)SELECT 得分 = MAX(得分)FROM 运动员 WHEN 投中 3 分球 <=5

2)判断题

(1)在 SQL 的 SELECT 查询结果中,消除重复记录的方法是使用 HAVING 子句。(　　)

(2)在 SELECT-SQL 语句中,实现字符串匹配的运算符是"LIKE"。(　　)

(3)在使用 SELECT 命令查询数据表中的记录之前,必须先使用 USE 命令打开数据表。(　　)

3)程序填空

(1)已知有学生成绩表 CJ. dbf(学号/c/10,科目/c/10,成绩 n/5/1 等字段)设计如图 1-17-5所示的表单。表单运行后,在表格中显示平均成绩高于 85 分的学生的学号和平均成绩,请完善代码。

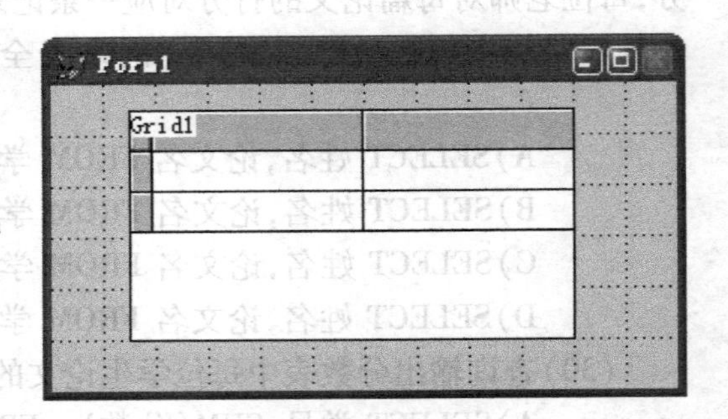

图 1-17-5　表单设计界面

表单 Form1 的 Init 事件代码如下:

thisform. grid1. recordsourcetype =4

thisform. grid1. recordsource =" select 学号,ave(成绩)from cj ;

________学号 HAVING ________ INTO cursor temp"

(2)已知有一张销售流水账表 xsls. dbf(商品编号 c/10,营业员编号 c/5,商品名称 c/12,单价 n/7/2,数量 n/2 等),设计如图 1-17-6 所示表单。表单运行后,单击"查询"按钮,输出总营业额最高的营业员编号,请完善代码。

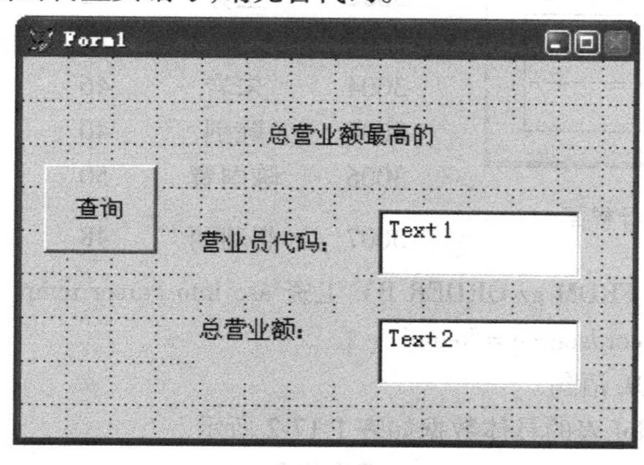

图 1-17-6 表单设计界面

Select 营业员编号,sum(单价 * 数量)top 1 from xsls ;

group by ________ order by 2 Into ________

thisform. text1. value = x(1)

thisform. text2. value = x(2)

4)读程序

(1)已知工资表 gz. dbf 有如下记录,设计如图 1-17-7 所示表单。表单运行后,在组合框中选择"教授",则标签 Label 2 中应该显示什么?

编号	姓名	年龄	职称	工资
3001	张移立	36	讲师	4 690
3002	王方	32	讲师	4 680
3003	李儒习	22	助教	3 820
3004	朱岩	46	副教授	5 660
3005	陈剑	40	教授	6 100
3006	陈国青	50	副教授	5 900
3007	赵莉丽	48	教授	6 300

组合框 Combo1 的 InteractiveChange 事件代码如下:

Zc = alltrim(thisform. combo1. value)

Select avg (工 资), count (*) from gz where 职称 = zc into array x

thisform. label2. caption = str(x(1),5) + str(x(2),3)

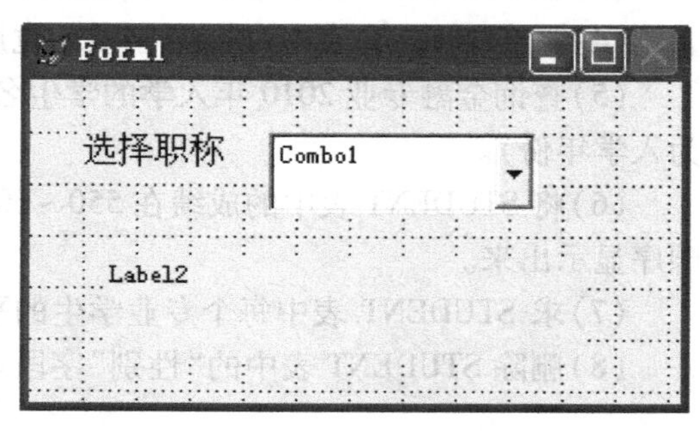

图 1-17-7 表单设计界面

(2)已知工资表 gz. dbf 有如下记录,表单如图 1-17-8 所示。执行以下代码后，表格 grid1 应该显示什么内容。

编号	姓名	年龄	职称	工资
3001	张移立	36	讲师	4 690
3002	王方	32	讲师	4 680
3003	李儒习	22	助教	3 820
3004	朱岩	46	副教授	5 660
3005	陈剑	40	教授	6 100
3006	陈国青	50	副教授	5 900
3007	赵莉丽	48	教授	6 300

图 1-17-8　表单设计界面

```
SELECT * top 1 FROM gz ORDER BY 工资 asc into cursor temp
Thisform.grid1.recordsource ="temp"
```

5）写出正确的 SQL 语句

假设 STUDENT.dbf 表的具体数据如表 1-17-2 所示。

表 1-17-2

学　号	姓　名	成　绩	专　业
2010602	徐秀娟	588	金融
2011606	宋力萍	639	金融
2010612	李梅	656	金融
2011501	孙红	587	法律
2010508	万福全	559	法律
2010615	左安方	602	金融
2011516	李程碑	546	法律
2011619	朱益群	591	金融

（1）在 STUDENT 表中增加一条记录，其学号是2000538，姓名为王力、成绩为 587，专业为法律。

（2）在 STUDENT 表中给所有法律专业学生的成绩增加 20 分。

（3）在 STUDENT 表中增加一个宽度为 2 的"性别"字段。

（4）将 STUDENT 表中"姓名"字段的宽度由 8 改为 10，写出正确的 SQL 命令。

（5）查询金融专业 2010 年入学的学生名单，并存储于临时表文件 temp 中（学号前 4 位为入学年份）。

（6）将 STUDENT 表中的成绩在 550～600 分的学生的姓名和成绩，按成绩由高到低的顺序显示出来。

（7）求 STUDENT 表中每个专业学生的平均成绩。

（8）删除 STUDENT 表中的"性别"字段。

实验18 基于多表的SQL查询

1. 实验目的

- 掌握用WHERE子句实现多表间的联接查询的方法。
- 掌握用JION子句实现多表间的联接查询的方法。
- 了解使用嵌套查询实现多表间的联接查询的方法。

2. 实验任务

在E盘创建子文件夹:ex5－18,将“ex4－11”文件夹中所有的文件复制到“ex5－18”文件夹中,并将“ex5－18”文件夹设置为默认路径。

【任务1】创建如图1-18-1所示表单,文件名为:bd18-1。表单运行时,在编辑框中选择职工姓名后,则在标签Label2中输出该职工的实发工资。

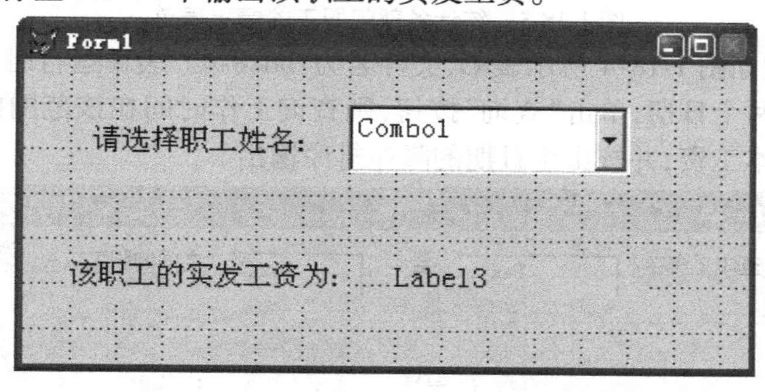

图1-18-1　根据职工姓名查询职工实发工资表单

【任务2】创建如图1-18-2所示的表单,文件名为:bd18-2。表单运行时,在文本框Text1中输入部门的名称按回车键后,在表格Grid1中输出该部门职工的姓名、职务、基本工资、津贴、奖金及实发工资。

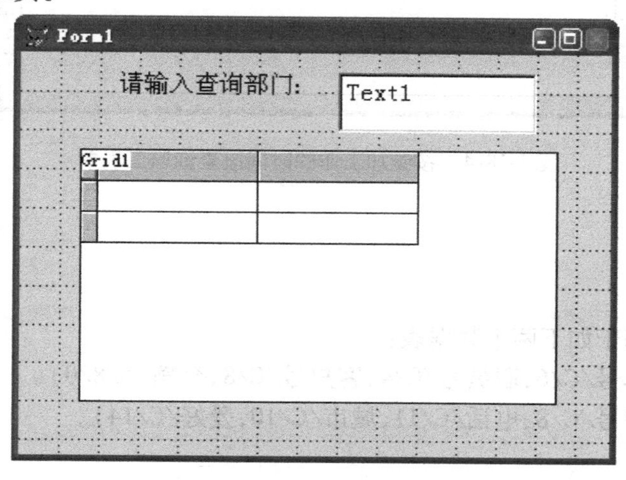

图1-18-2　按部门查询职工情况

【任务3】创建如图1-18-3所示的表单,文件名为:bd18-3。表单运行时,单击“统计”按钮则输出各个部门职工的人数、最高基本工资和平均实发工资,并按平均实发工资的降序输出。

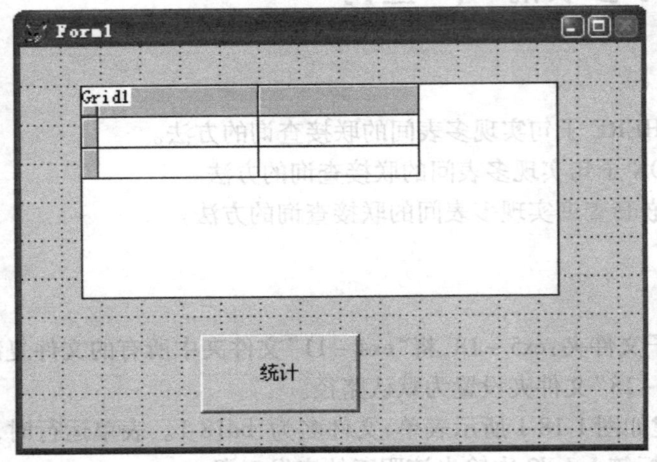

图1-18-3 统计各部门职工的情况表单

【任务4】创建如图1-18-4所示表单,文件名为:bd18-4。表单运行时,在文本框Text1,Text2中分别输入两个日期,单击“查询”按钮,则查询工作时间在该范围的职工的姓名、职称、出生日期和基本工资,并按出生日期的降序排序输出。

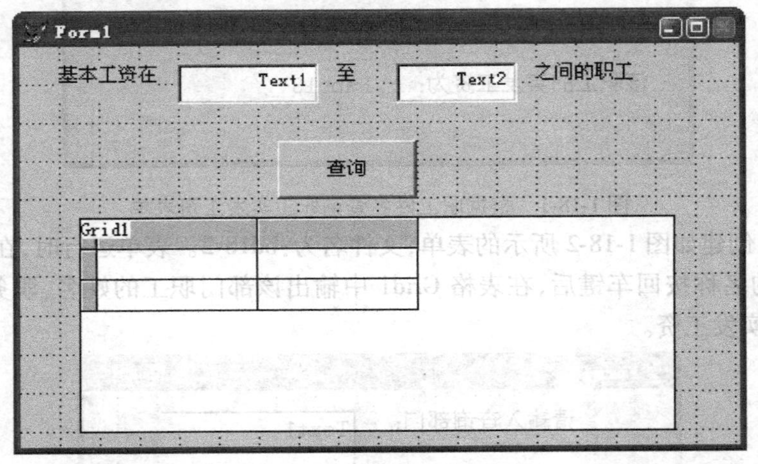

图1-18-4 按参加工作的时间段查询职工表单

3. 习题

1)选择题

(1)—(3)题基于如下两个数据表:

订单.dbf(订单号/C/6,职员号/C/4,客户号/C/8,金额/N/8/0)。

客户.dbf(客户号/C/8,电话/C/11,城市/C/10,爱好/C/14)。

(1)查询客户表中“爱好”字段中包含“足球”的客户号和电话,正确的SQL语句是(　　)。

A)SELECT 客户号,电话 FROM 客户 WHERE 爱好 $"%足球%"

B)SELECT 客户号,电话 FROM 客户 WHERE 爱好="%足球%"

C)SELECT 客户号,电话 FROM 客户 WHERE 爱好 like "*足球*"

D)SELECT 客户号,电话 FROM 客户 WHERE 爱好 like "%足球%"

(2)查询超过5条订单,且平均金额大于3000元的职员号,正确的SQL语句是(　　)。

A)SELECT 职员号 FROM 订单 GROUP BY 职员号;
　　HAVING COUNT(*)>5 AND AVG_金额>3000

B)SELECT 职员号 FROM 订单 GROUP BY 职员号 HAVING COUNT(*)<=5;
　　WHERE AVG(金额)>3000

C)SELECT 职员号 FROM 订单 GROUP BY 职员号 HAVING COUNT(*)>5;
　　AND AVG(金额)>3000

D)SELECT 职员号 FROM 订单 GROUP BY 职员号 WHERE COUNT(*)<=5;
　　AND AVG(金额)>3000

(3)查询订单金额为1 300~2 600元的全部记录并存储于临时表文件TEMP中的SQL命令是(　　)。

A)SELECT * FROM 订单 where between 1300 and 2600 INTO CURSOR TEMP

B)SELECT * FROM 订单 where 金额 between 1300 and 2600;
　　INTO CURSOR TEMP

C)SELECT * FROM 订单 where between 金额 1300 and 2600;
　　INTO DBF TEMP

D)SELECT * FROM 订单 where 金额>1300 and 2600 TO DBF TEMP

(4)—(9)题用vfp-sql实现,基于如下数据表:

图书(书号,书名,作者,出版社,定价)

图书销售记录(书号,售书日期,数量,售价,付款方式)

其中:定价、售价、数量是数值型,售书日期是日期型,其他是字符型。

(4)查询图书表中书名包含“计算机”所有的图书信息,正确的SQL语句是(　　)。

A)SELECT ALL FROM 图书 WHERE 书名="计算机"

B)SELECT 所有信息 FROM 图书 WHERE 书名="计算机"

C)SELECT ALL FROM 图书 WHERE 书名 not like "计算机"

D)SELECT * FROM 图书 WHERE 书名 like "%计算机%"

(5)查询图书定价在80~150元(含)范围内的书名、出版社、定价,正确的SQL语句是(　　)。

A)SELECT * FROM 图书 WHERE 80<定价 OR 定价<150

B)SELECT * FROM 图书 WHERE 80≤定价≤150

C)SELECT 书名,出版社,定价 FROM 图书 WHERE BETWEEN 80 AND 150

D)SELECT 书名,出版社,定价 FROM 图书 WHERE NOT BETWEEN 80 AND 150

(6)查询2012年9月图书销售信息(书名、数量和售书日期),正确的SQL语句是(　　)。

A)SELECT 书名,数量,售书日期 FROM 图书,图书销售记录 WHERE;
　　图书.书号=图书销售记录.书号 AND 售书日期=CTOD("2012-9-*")

B)SELECT 书名,数量,售书日期 FROM 图书,图书销售记录;
　　WHERE 图书.书号=图书销售记录.书号 AND;
　　YEAR(售书日期)=2012　AND　MONTH(售书日期)=9

C)SELECT 书名,数量,售书日期 FROM 图书,图书销售记录;
　　WHERE 图书.书号=图书销售记录.书号 AND;
　　YEAR(售书日期)=2012　OR　MONTH(售书日期)=9

D)SELECT 书名,数量,售书日期 FROM 图书,图书销售记录 WHERE;
　　图书.书号=图书销售记录.书号 AND 售书日期={2012-9}

(7)查询"人民文学出版社"图书的销售数量,正确的SQL语句是(　　)。

A)SELECT 出版社,SUM(数量)　FROM 图书,图书销售记录;
　　WHERE 图书.书号=图书销售记录.书号 AND;
　　出版社="人民文学出版社"

B)SELECT 出版社,SUM(数量)　FROM 图书,图书销售记录;
　　WHERE 出版社="人民文学出版社"

C)SELECT 出版社,COUNT(数量)　FROM 图书,图书销售记录;
　　WHERE 图书.书号=图书销售记录.书号 AND;
　　出版社="人民文学出版社"

D)SELECT 出版社,COUNT(数量)　FROM 图书,图书销售记录;
　　WHERE 出版社="人民文学出版社"

(8)查询不同的"付款方式"的图书销售数量与销售总价,正确的SQL语句是(　　)。

A)SELECT 付款方式,AVG(数量),SUM(售价)　FROM 图书销售记录 GROUP BY 付款方式

B)SELECT 付款方式,SUM(数量),SUM(售价)　FROM 图书销售记录 GROUP BY 付款方式

C)SELECT 付款方式,SUM(数量),AVG(售价)　FROM 图书销售记录 GROUP BY 付款方式

D)SELECT 付款方式,CNT(数量),CNT(售价)　FROM 图书销售记录 GROUP BY 付款方式

(9)查询单笔图书售价最高的前10名的图书名、定价、售价,正确的SQL语句是(　　)。

A)SELECT 书名,定价,售价 FROM　图书 INNER JOIN 图书销售记录;
　　ON　图书.书号=图书销售记录.书号 ORDER BY 售价

B)SELECT TOP 10 书名,定价,售价 FROM　图书 INNER JOIN 图书销售记录;
　　ON　图书.书号=图书销售记录.书号　ORDER BY 售价

C)SELECT 书名,定价,售价 FROM 图书 INNER JOIN 图书销售记录;

  ON 图书.书号=图书销售记录.书号 ORDER BY 售价 DESC

D)SELECT TOP 10 书名,定价,售价 FROM 图书 INNER JOIN 图书销售记录;

  ON 图书.书号=图书销售记录.书号 ORDER BY 售价 DESC

(10)—(12)题基于如下数据表:

职员.DBF:职员号 C(3),姓名 C(6),性别 C(2),组号 N(1),职务 C(10)。

订单.DBF:订单号 C(4),客户号 C(4),职员号 C(3),签订日期 D,金额 N(6,2)。

(10)查询金额最少的10%的订单信息,正确的SQL语句是(　　)。

A)SELECT * TOP 10 PERCENT FROM 订单

B)SELECT TOP 10% * FROM 订单 ORDER BY 金额

C)SELECT * TOP 10 PERCENT FROM 订单 ORDER BY 金额

D)SELECT TOP 10 PERCENT * FROM 订单 ORDER BY 金额 DESC

(11)查询订单数在3个以上、订单的平均金额在200元以上的职员号,正确的SQL语句是(　　)。

A)SELECT 职员号 FROM 订单 GROUP BY 职员号 HAVING COUNT(*)>3 AND AVG_金额>200

B)SELECT 职员号 FROM 订单 GROUP BY 职员号 HAVING COUNT(*)>3 AND AVG(金额)>200

C)SELECT 职员号 FROM 订单 GROUP BY 职员号 HAVING COUNT(*)>3 WHERE AVG(金额)>200

D)SELECT 职员号 FROM 订单 GROUP BY 职员号 WHERE COUNT(*)>3 AND AVG_金额>200

(12)显示没有签订任何订单的职员信息(职员号和姓名),正确的SQL语句是(　　)。

A)SELECT 职员.职员号,姓名 FROM 职员 JOIN 订单;

  ON 订单.职员号=职员.职员号 GROUP BY 职员.职员号 HAVING COUNT(*)=0

B)SELECT 职员.职员号,姓名 FROM 职员 LEFT JOIN 订单;

  ON 订单.职员号=职员.职员号 GROUP BY 职员.职员号 HAVING COUNT(*)=0

C)SELECT 职员号,姓名 FROM 职员;

  WHERE 职员号 NOT IN (SELECT 职员号 FROM 订单)

D)SELECT 职员.职员号,姓名 FROM 职员;

  WHERE 职员.职员号 < > (SELECT 订单.职员号 FROM 订单)

(13)—(14)题使用如下的公司信息表(GS.dbf)和职工表(ZG.dbf)。

GS.dbf	公司代号	所在城市
	D1	北京
	D2	重庆
	D3	天津

D4　　广州

ZG. dbf　职工号　公司代号　工资

职工号	公司代号	工资
1001	D2	3 000.00
1003	D3	2 500.00
1002	D1	2 800.00
1005	D2	1 400.00
1004	D4	2 200.00

(13)检索在重庆公司工作的职工,要求显示职工号和工资字段,正确的命令是(　　　)。

A)SELECT 职工号,工资 FROM ZG WHERE 所在城市="重庆"

B)SELECT 职工号,工资 FROM　ZG ;
　WHERE GS. 公司代号=ZG. 公司代号 AND 所在城市="重庆"

C)SELECT 职工号,工资 FROM GS,ZG ;
　WHERE GS. 公司代号=ZG. 公司代号 AND 所在城市="重庆"

D)SELECT 职工号,工资 FROM 仓库表,职工表 ;
　WHERE GS. 公司代号=ZG. 公司代号 OR 所在城市="重庆"

(14)有如下 SQL 语句:

```
SELECT AVG(工资)FROM　ZG　WHERE 公司代号 IN;
  (SELECT 公司代号 FROM　GS　WHERE 所在城市 IN ("北京","重庆")
```

执行语句后,平均工资是(　　　)。

A)1500.00　　B)3500.00　　C)2400.00　　D)2500.00

2)程序填空

(1)学生表:stu. dbf(学号,姓名,性别),课程表:kec. dbf(课程号,课程名,学时),成绩表:score. dbf(学号,课程号,成绩),成绩表中存放了所有学生选修的多门课程的成绩。下列 SQL 查询语句是将张三,李四,王五 3 位同学选修的所有课程的成绩查询出来,需查询该学生的姓名、选修课程名和课程成绩,按照成绩升序输出,将查询结果输出到临时表 LS 中,请完善代码。

```
SELECT stu. 姓名, kec. 课程名,score. 成绩　FROM stu ,score,kec;
  WHERE stu. 学号=score. 学号 and kec. 课程号=score. 课程号;
  and stu. 姓名 ________("张三","李四","王五");
  ORDER BY SCORE. 成绩 ________ CURSOR LS
```

(2)设计如图 1-18-5 所示的表单,表单运行后,要在表格中显示图书表中数量最少的 3 种图书信息,请完善代码。

表单 Form1 的 Init 事件代码如下:

```
thisform. grid1. recordsourcetype=4
thisform. grid1. recordsource="select ________ * from 图书;
  ________数量 into cursor temp"
```

(3)设有两个数据表:职工. dbf(工号/C,姓名/C,职称/C);工资. dbf(工号/C,基本工资/N,津贴/N),请完善下面的 SQL 语句。

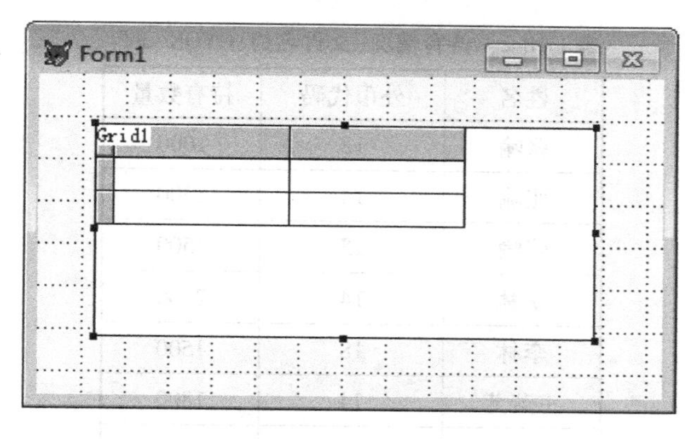

图 1-18-5　表单设计界面

①查询基本工资为 1000～2000 元的职工姓名、职称。

SELECT 姓名,职称 FROM　职工 WHERE 工号 IN
　　(SELECT 工号 FROM 工资 WHERE　________)

②在工资表中,只显示津贴最高的前 10 条记录。

SELECT　* top 10　FROM 工资　________

(4)一个教师管理数据库中有 3 个表,其表名和结构分别如下:

基本情况. dbf(职工号 C/6,姓名/C/8,性别/C/8,出生年月/D,工资/ N/5);

授课情况. dbf(职工号/C/6,班级编号/C/8,课程名称/C/20);

查询授课班级在 3 个以上的教师姓名和班级数,并按班级数降序排列:

SELECT 姓名,COUNT(*)AS 班级数 FROM 基本情况,授课情况;

WHERE 基本情况. 职工号 = 授课情况. 职工号;

GROUP BY 成果. 编号　________　count(*) >3;

ORDER BY　________

3)读程序

(1)有两个表文件,表中数据如表 1-18-1、表 1-18-2 所示。

表 1-18-1　外币信息表(文件名为:WBXX. dbf)

外币名称	外币代码	基准价
美元	12	827.0000
英镑	14	1 176.5000
欧元	15	895.5600
法郎	18	600.4888

表 1-18-2　持有情况(文件名为:CYQK. dbf)

姓名	外币代码	持有数量
张喻	12	1000
张喻	14	1300
张喻	15	1500
李林	14	2000
李林	18	1500
王芳芳	14	1800
王芳芳	15	1200
刘剑波	12	2000
刘剑波	15	1200
刘剑波	18	1500

设计如图 1-18-6 所示表单,表单运行后,单击“查询”命令按钮,表格 Grid1 中显示的结果是(　　　)。

“查询”按钮的 Click 事件代码如下:

```
select 姓名,外币名称,持有数量 from wbxx,cyqk ;
where wbxx.外币代码 = cyqk.外币代码 and 基准价 >850 and 持有数量 > =1500;
ORDER BY 持有数量 into cursor xx
thisform.grid1.recordsource = 'xx'
```

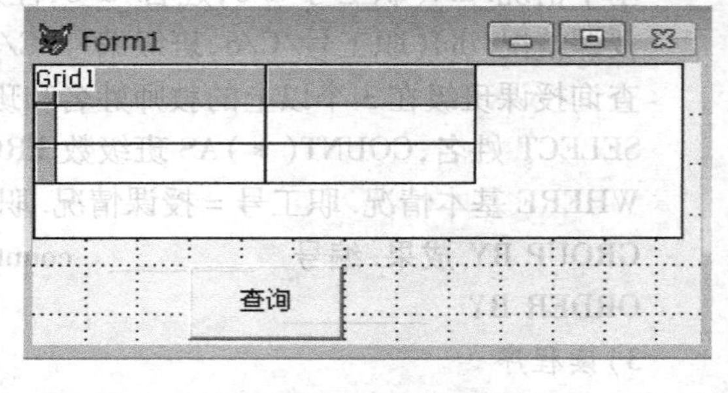

图 1-18-6　表单设计界面

(2)已知有户主信息(HZXX. dbf)和房屋信息(FWXX. dbf)两张表,如表 1-18-3、表 1-18-4 所示。

表 1-18-3　户主信息(HZXX. dbf)

房　号	户　主	电话
1-01-1	章依兰	18567345211
2-13-2	王庆生	13244556672
1-16-7	李丽	13567524756
2-06-5	陈萍	13878478927
1-12-5	张畅	13457566375
1-11-3	李梦楠	18934756258

表 1-18-4　房屋信息(FWXX.dbf)

房　号	房屋面积	公摊水电费
1-01-1	120	14.00
2-13-2	110	12.50
1-16-7	120	14.00
2-06-5	126	15.00
1-12-5	110	12.50
1-11-3	130	16.00

创建如图 1-18-7 所示的表单,表单运行时,单击"查询"按钮后,表格中输出(　　)。

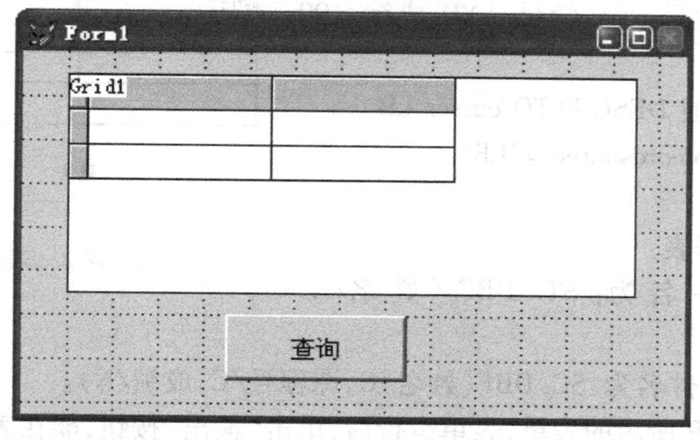

图 1-18-7　表单设计界面

"查询"按钮的 Click 事件代码如下:

```
SELECT 户主,房屋面积*1.5+公摊水电费 as 物管费 FROM hzxx,fwxx;
Where hzxx.房号=fwxx.房号 and 房屋面积>125 ;
ORDER BY  2 desc INTO cursor ss
Thisform.grid1.recordsourse="ss"
```

(3)有两个表文件,表中数据如表 1-18-5、表 1-18-6 所示。

表 1-18-5　学生成绩表(文件名为:SC.dbf)

学　号	课　程	成　绩	学　分
1001	英语	92	4
1003	英语	78	4
1005	程序设计	95	3
1007	程序设计	82	3
1001	计算机基础	92	2
1003	计算机基础	88	2

表 1-18-6　学生信息表(文件名为:XS. dbf)

学 号	姓 名	性 别
1001	王伟	男
1003	张灿	女
1005	陈颖	女
1007	王城	男

设计如图 1-18-8 所示的表单,表单运行后,单击"查询"命令按钮,表格 Grid1 中显示的结果是(　　　　　　)。

```
SELECT 姓名,课程,成绩  FROM xs, sc ;
WHERE   xs. 学号 = sc. 学号 AND 成绩 > 90
AND 学分 > =3;
ORDER BY 成绩 DESC INTO cursor LB
thisform. grid1. recordsource = 'LB'
```

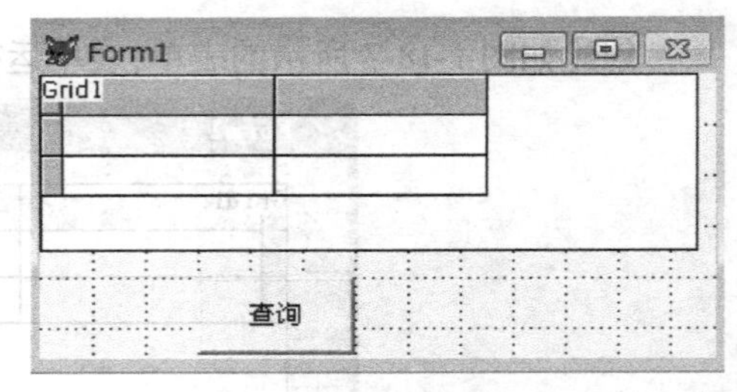

图 1-18-8　表单设计界面

4)编程

(1)有如下数据表:

学生表,文件名为:ST. DBF(姓名/C,性别/C,专业/C)。

选课成绩表,文件名为:SC. DBF(姓名/C,课程号/C,成绩/N)。

设计如图 1-18-9 所示的表单,表单运行后,单击"输出"按钮,能在表格 Grid1 中显示选修课程在 3 门以上(含 3 门)的学生的姓名和平均成绩,并按平均成绩降序排序,为"输出"按钮的 Click 事件编写代码。

(2)已知两个数据表:笔试成绩表 bs. dbf,有准考证号/C、一题/N、二题/N、三题/N、四题/N、笔试成绩/N 等字段;上机成绩表 sj. dbf,有准考证号/C、姓名/C、上机成绩/N 等字段。

设计如图 1-18-10 所示的表单,表单运行后,单击"输出"按钮,能够完成如下功能:

①计算笔试成绩(= 一题 + 二题 + 三题 + 四题),填入笔试成绩表 bs. dbf 中;

②查询每个考生的姓名、笔试成绩、上机成绩和总成绩(= 笔试成绩 + 上机成绩),并在表格 Grid1 中按总成绩从高到低的顺序显示。

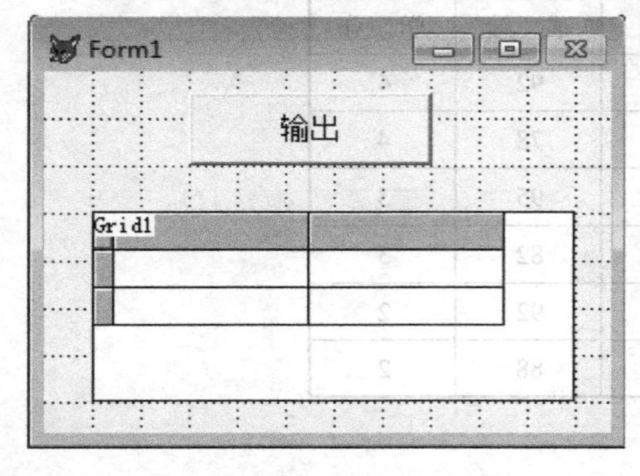

图 1-18-9　表单设计界面

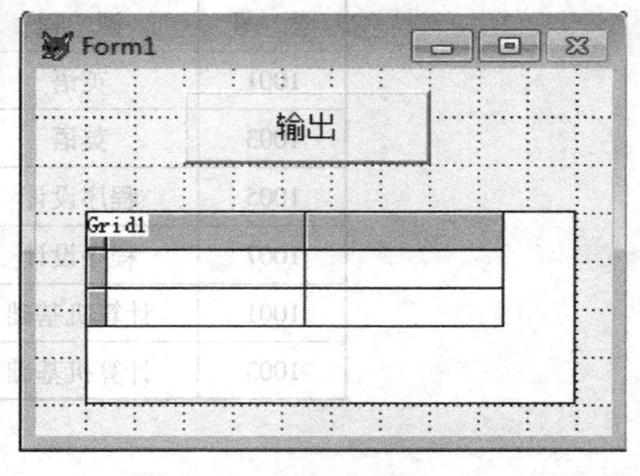

图 1-18-10　表单设计界面

实验 19　基于表的表单综合应用

1. 实验目的

- 掌握基于表的表单的各种查询。
- 掌握查询结果与表单控件的绑定。
- 掌握运用各种控件输出查询结果。

2. 实验任务

在 E 盘创建子文件夹:ex5 - 19,将“ex4 - 11”文件夹中所有文件复制到“ex5 - 19”文件夹中,并将“ex5 - 19”文件夹设置为默认路径。

【任务 1】设计如图 1-19-1 所示的表单,表单运行时,单击“计算并显示”按钮,计算出话费管理数据库“HFGL. DBC”中 SYQK. DBF 表的“使用分钟数”字段,并填入表中,且在表格控件“Grid1”中输出用户名、电话号码、使用日期及使用分钟数。

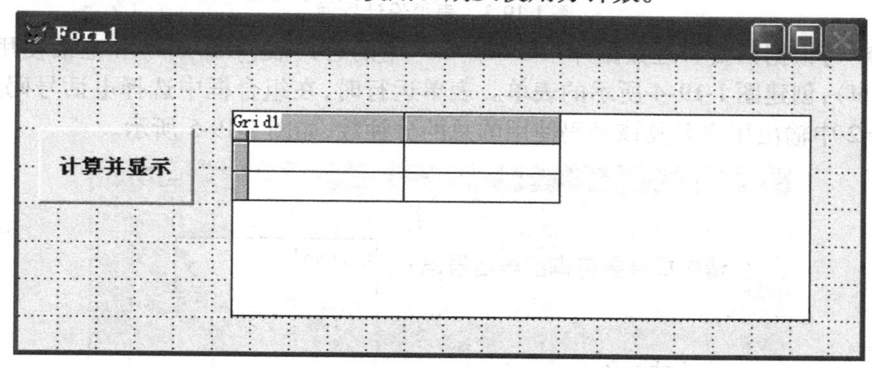

图 1-19-1　表单设计界面

【任务 2】设计如图 1-19-2 所示的表单,单击“计算并显示”按钮后,计算商场消费数据库“SCXF. dbc”中 XF. dbf 表的“消费积分”字段,并填入表中(其中“食品”商品的积分为消费金额的一半,其余商品的积分为消费金额)。在表格控件“Grid1”中输出会员的姓名、卡号及消费积分,并按消费积分的降序排序。

Form1

Grid1

计算并显示

图 1-19-2　表单设计界面

【任务3】根据成绩管理数据库“CJGL. dbc”中的成绩表“CJB. dbf”和学生表“XSB. dbf”，设计如图1-19-3所示的表单。表单运行时，单击“输出”按钮，在表格Grid1中输出所有学生的姓名、大学计算机基础、高等数学、大学英语I及总分，并按总分的降序输出。

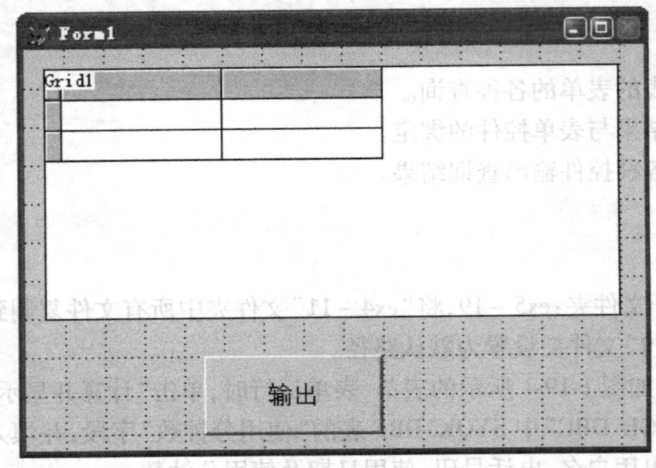

图1-19-3　表单设计界面

【任务4】根据话费管理数据库“HFGL. dbc”中的客户表(yhb. dbf)和电话使用情况表(SYQK. dbf)，创建图1-19-4所示的表单。表单运行时，在组合框中选择电话号码后，则在标签Label2中输出用户名及该号码使用的总的分钟数，如图1-19-5所示。

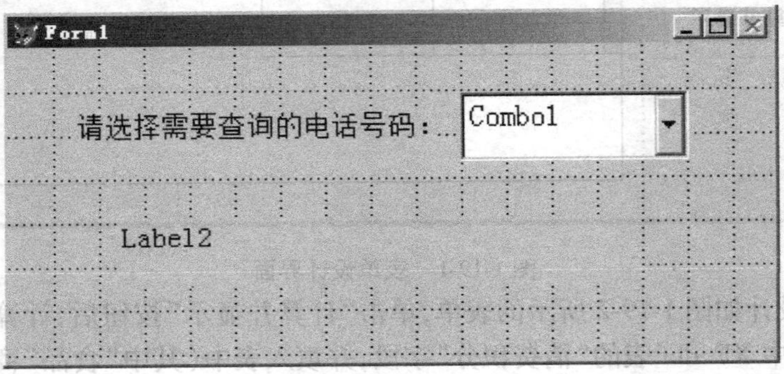

图1-19-4　表单设计界面

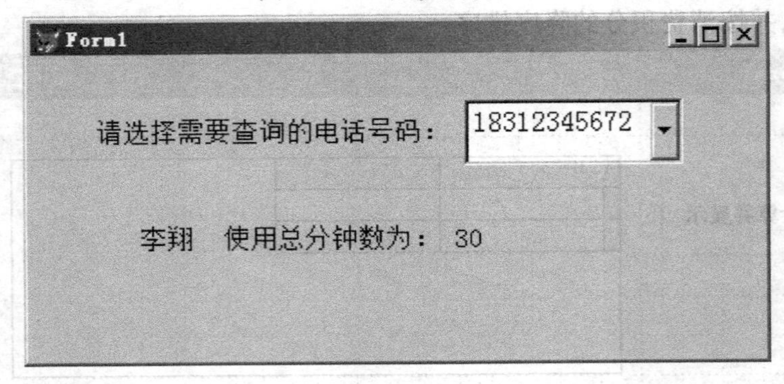

图1-19-5　表单运行界面

【任务5】根据图书借阅管理数据库“TSJYGL. dbc”中的图书基本信息表“TS. dbf”和图书借阅情况表“JY. dbf”，创建如图1-19-6所示的表单。表单运行时，在文本框Text1中输入截止日期后按回车键，在编辑框中输出所有超期图书的借阅人、书名以及借出日期，并且在Label2中输出超期图书的数量，如图1-19-7所示。

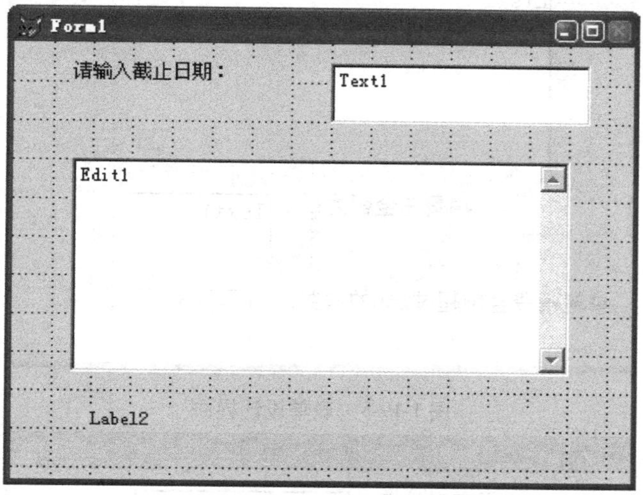

Form1

请输入截止日期：

Text1

Edit1

Label2

图1-19-6　表单设计界面

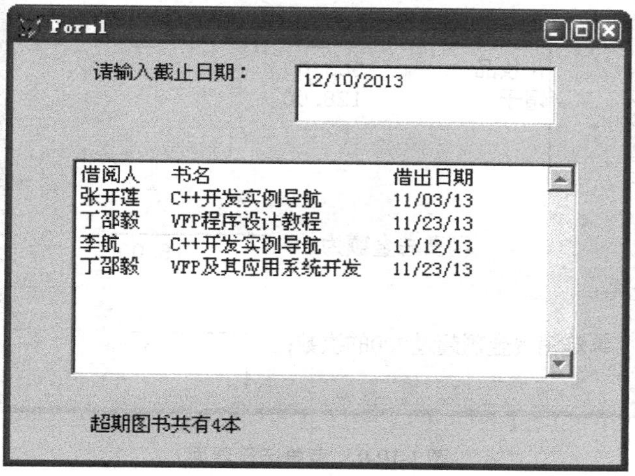

Form1

请输入截止日期：

12/10/2013

借阅人	书名	借出日期
张开莲	C++开发实例导航	11/03/13
丁邵毅	VFP程序设计教程	11/23/13
李航	C++开发实例导航	11/12/13
丁邵毅	VFP及其应用系统开发	11/23/13

超期图书共有4本

图1-19-7　表单运行界面

【任务6】根据商场消费数据库“SCXF. dbc”中的顾客信息表(GK. dbf)和顾客消费数据表(XF. dbf)，创建如图1-19-8所示的表单。表单运行时，在组合框中选择客户姓名，则在列表框List1中输出该客户的消费明细，即购买商品和消费金额，并在文本框Text1中输出该顾客消费的总金额，在文本框Text2中输出该顾客单笔消费金额高于200的次数，如图1-19-8所示。

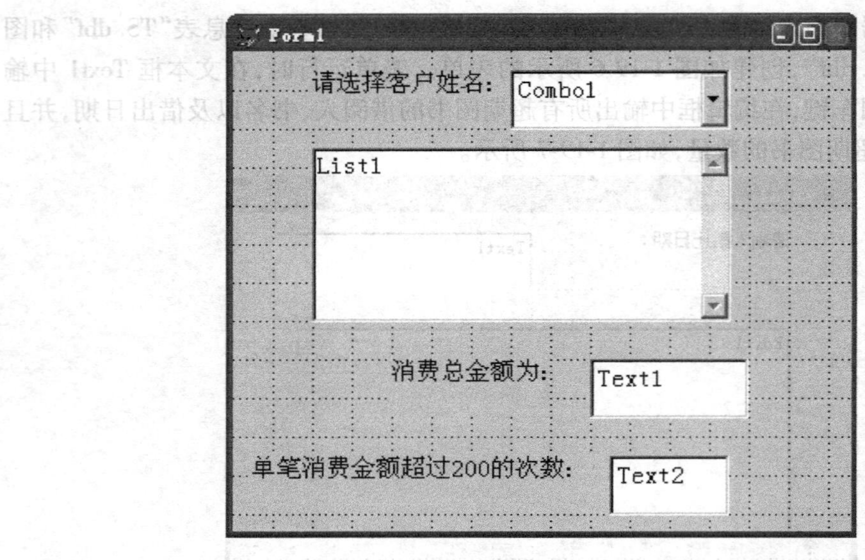

图 1-19-8　表单设计界面

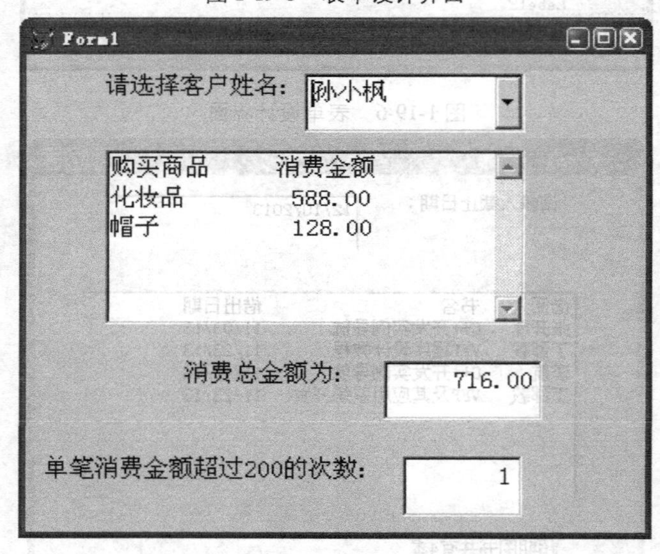

图 1-19-9　表单运行界面

3. 习题

1)程序填空

(1)有 3 个数据表:读者. dbf(读者编号/C,读者姓名/C);图书. dbf(书号/C,书名/C);借阅. dbf(书号/C,读者编号/C,借阅日期/D),创建如图 1-19-10 所示的表单,将组合框与读者表的读者编号字段绑定。表单运行时,在组合框 Combo1 中选择读者编号则在标签中 Label3 中输出读者姓名,在列表框中输出该读者借阅的图书的书名和借阅日期。

组合框"Combo1"的"Interactivechange"事件代码如下:

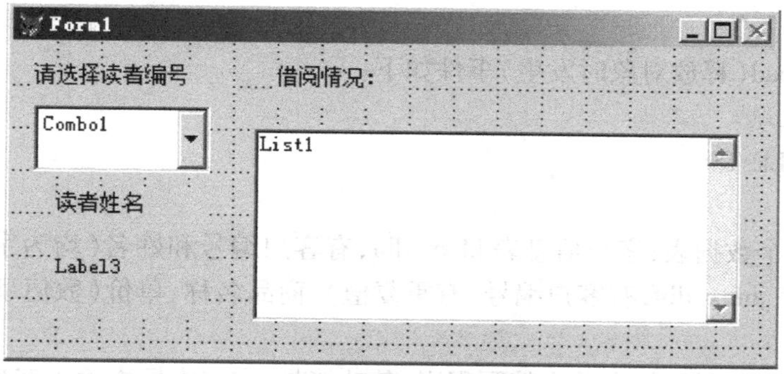

图 1-19-10　表单设计界面

```
thisform. list1. clear
bh = alltrim(this. value)
SELECT 读者姓名 FROM 读者 WHERE 读者编号 = bh into ________
thisform. label3. caption = aa(1)
SELECT 书名,借阅日期 FROM 图书 a,借阅 b ;
    WHERE a. 书号 = b. 书号 AND 读者编号 = bh INTO dbf xx
thisform. list1. additem("书名 借阅日期")
SCAN
  thisform. list1. additem(书名 + ________)
ENDSCAN
```

(2)有数据表“图书. dbf”包含书号、书名、出版社、作者等字段,设计如图 1-19-11 所示的表单。表单运行后,单击命令按钮可以在表格控件中显示图书表的部分字段的数据,如图 1-19-11 所示,请选择并完善代码。

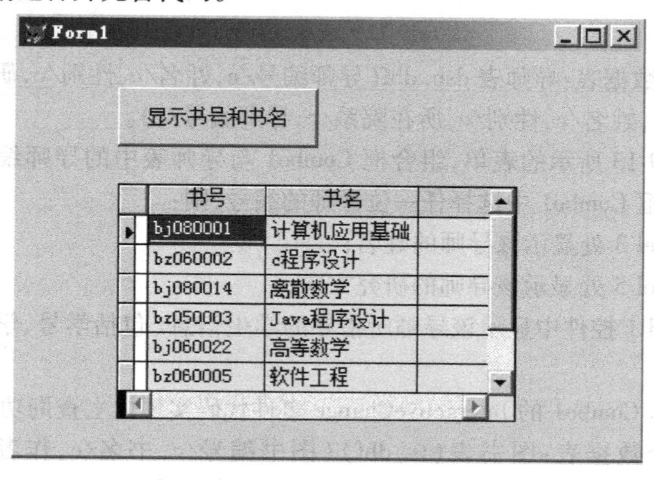

图 1-19-11　表单设计界面

命令按钮的 Click 事件代码如下:

```
USE 图书
________ TO ts fields 书号,书名
Thisform. grid1. recordsourcetype = 0
```

________ ="ts"

表单的 unload(释放对象时发生)事件如下:

```
CLOSE ALL
DROP TABLE TS
```

2)编程

(1)已知两个数据表:客户信息表 khxx. dbf,有客户编号和姓名(均为字符型)等字段;客户进货明细表 jhmx. dbf,有客户编号(有重复值)、商品名称、单价(数值型)和数量(数值型)等字段。

在如图 1-19-12 所示的表单中编写程序,其功能是:在文本框中输入客户的姓名后按回车键,在表格中显示选修该客户进货的商品名称、单价、数量,并在标签 Label3 中输出该客户的总的进货金额。编写 Text1 的 Valid 事件代码。

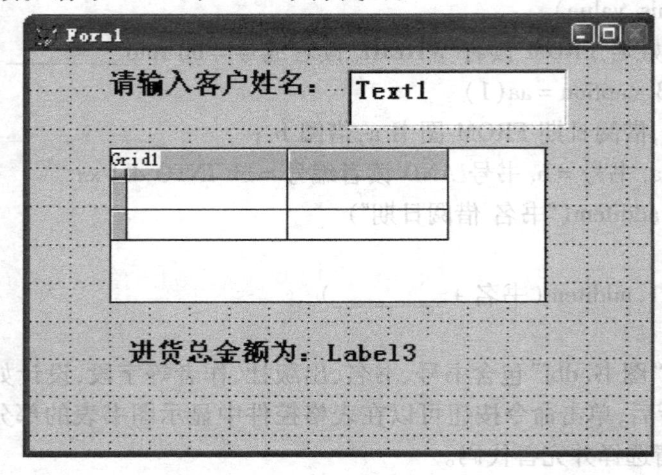

图 1-19-12　表单设计界面

(2)设有两个数据表:导师表 dsb. dbf(导师编号/c,姓名/c,性别/c,研究方向/c);学生表 xsb. dbf(学号/c,姓名/c,性别/c,所在院系/c,导师编号/c)。

设计如图 1-19-13 所示的表单,组合框 Combo1 与导师表中的导师编号字段绑定。表单运行后,在组合框 Combo1 中选择任一位导师的编号,则:

①在标签 Label 3 处显示该导师的姓名;

②在标签 Label 5 处显示该导师的研究方向;

③在表格 Grid 1 控件中显示该导师所指导的学生信息(包括学号、学生姓名、性别,所在院系)。

请编写组合框 Combo1 的 InteractiveChange 事件代码实现以上查询功能。

(3)设有两个数据表:图书表(ts. dbf)(图书编号/c,书名/c,作者/c,出版单位/c,单价/n);读者表(dz. dbf)(借书证号/c,姓名/c,性别/c,所在院系/c);借阅登记表(jy. dbf)(借书证号/c,图书编号/c,借阅日期/d)。

设计如图 1-19-14 所示的表单,读者表(dz. dbf)已添加到表单的数据环境中,同时组合框 Combo 1 与读者表中的借书证号字段绑定。表单运行后,在组合框 Combo 1 中选择任一借书证号,则在标签 Label 3 处显示出该读者的姓名,标签 Label 5 处显示出该读者所在院

图 1-19-13　表单设计界面

系；同时在表格 Grid 1 控件中显示出该读者所借阅的图书信息（包括借阅日期、图书编号、书名、作者、出版单位、单价），请编写组合框 Combo1 的 InteractiveChange 事件代码实现以上查询功能。

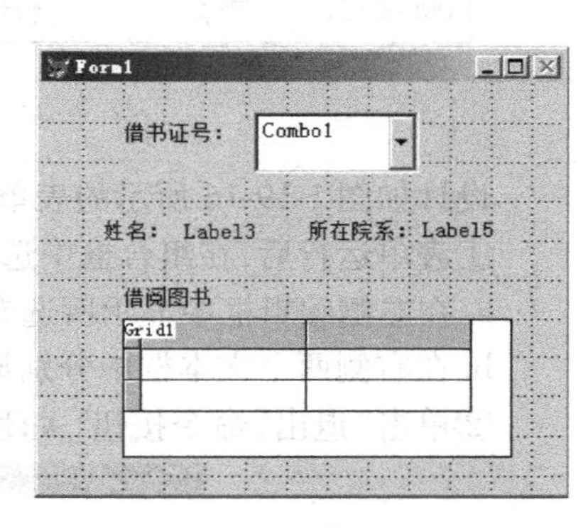

图 1-19-14　表单设计界面

（4）有 3 个数据表：学生. dbf（学号/C，姓名/C）；课程. dbf（课程号/C，课程名/C）；选课. dbf（课程号/C，学号/C，成绩/N），设计如图 1-19-15（a）所示的表单，组合框与学号字段绑定。表单运行时，在组合框 Combo1 中选择学号，则在文本框 Text1 中输出学生姓名，在编辑框中输出该学生选课的课程名和成绩，如图 1-19-15（a）所示。请编写组合框 Combo1 的“InteractiveChange”事件代码。

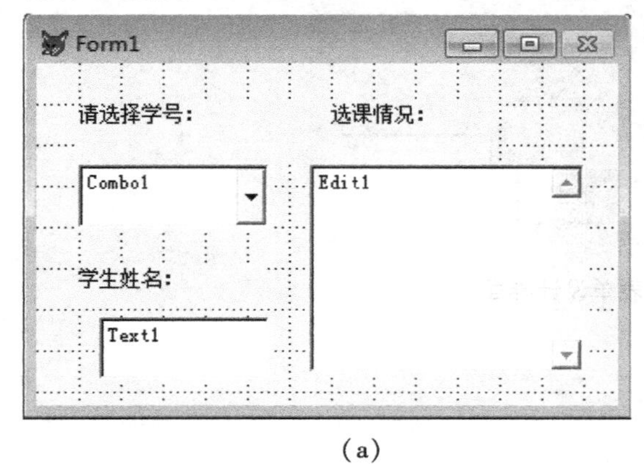

（a）

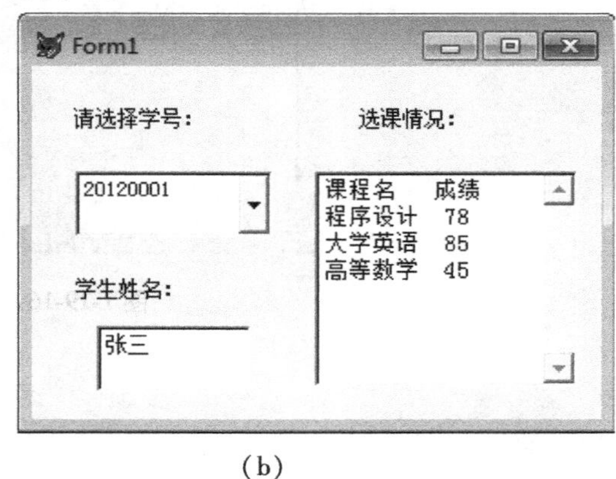

（b）

图 1-19-15　表单设计及运行界面

（5）有学生数据表 xs. dbf 和成绩数据表 CJ. dbf，数据如表 1-19-1、表 1-19-2 所示。

表 1-19-1 学生数据表

学 号	姓 名	专 业
06030101	宋燕燕	计算机
06030205	黄建	计算机
09060315	谢小娟	会计
09060209	周丹妮	会计
06030305	张鹏	计算机
06030131	刘红	计算机
06030226	刘莉莉	计算机
09060127	李磊	会计

表 1-19-2 成绩数据表

学 号	成 绩
06030101	67
06030205	54
09060315	75
09060209	92
06030305	58
06030131	86
06030226	90
09060127	56

设计如图 1-19-16 所示的表单,要求如下:

①表单运行后,在组合框中选择专业"计算机"或者"会计"后实现以下功能:

a. 在左侧编辑框中显示所选专业学生的学号、姓名和成绩。

b. 在右侧两个文本框中分别显示所选专业学生的平均分和不及格人数。

②单击"退出"命令按钮,关闭表单。

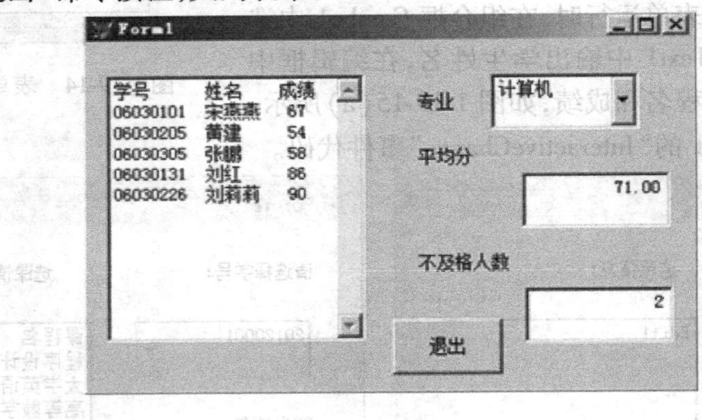

图 1-19-16 表单设计界面

第 7 章　报表与菜单设计

实验 20　报表

1. 实验目的

- 掌握快速报表的创建方法。
- 掌握利用报表向导创建报表的方法。
- 掌握利用报表设计器修改和设计报表的方法。

2. 实验任务

在 E 盘创建子文件夹：ex5－20，将“ex4－11”文件夹中所有文件复制到“ex5－20”文件夹中，并将“ex5－20”文件夹设置为默认路径。

【任务 1】根据“zg. dbf”表创建如图 1-20-1 所示的职工信息快速报表，文件名为：zgxx. frx。

报表设计器 - zgxx.frx - 页面 1

工号	姓名	性别	出生日期	职务	部门	工作日期
1997042	王宏伟	男	12/03/75	副主管	销售部	07/10/97
1988011	张建设	男	03/24/68	职员	企划部	05/16/88
1990456	唐怡然	女	12/05/65	主管	销售部	07/20/90
1998078	聂英	女	09/08/78	职员	销售部	06/07/98
2007045	王阳	男	03/25/86	职员	企划部	08/10/07
2003023	李航	女	05/07/81	职员	销售部	09/15/03
1999345	张浩然	男	04/13/77	主管	二车间	07/15/99

图 1-20-1　职工信息快速报表

【任务 2】利用报表向导为“zg. dbf”和“gz. dbf”表创建如图 1-20-2 所示的工资信息报表,文件名为:gzxx. frx。

报表设计器 - gzxx. frx - 页面 1

GZ

11/22/14

工号	基本工资	津贴	奖金	实发工资
1997042	3,500.00	1,800.00	500.00	5,800.00
1988011	2,200.00	800.00	100.00	3,100.00
1990456	4,200.00	2,000.00	600.00	6,800.00
1998078	2,300.00	700.00	100.00	3,100.00
2007045	2,000.00	1,000.00	300.00	3,300.00
2003023	2,100.00	1,200.00	400.00	3,700.00
1999345	5,000.00	2,000.00	600.00	7,600.00

图 1-20-2 工资信息报表

【任务 3】根据职工信息快速报表修改为如图 1-20-3 所示的按职工部门分组的职工分组报表,文件名:zgfz. frx。

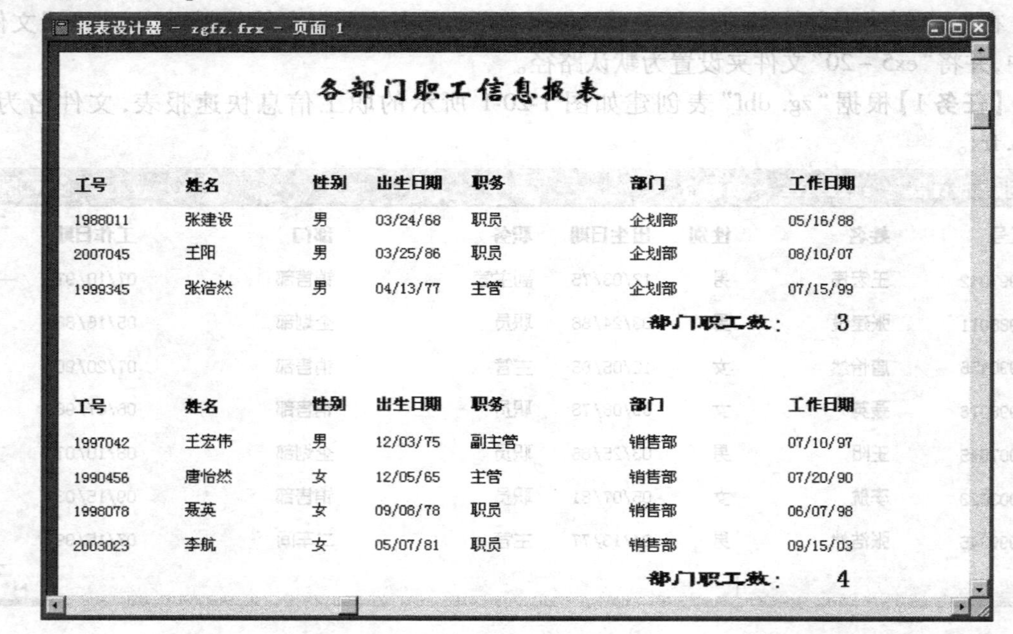
报表设计器 - zgfz. frx - 页面 1

各部门职工信息报表

工号	姓名	性别	出生日期	职务	部门	工作日期
1988011	张建设	男	03/24/68	职员	企划部	05/16/88
2007045	王阳	男	03/25/86	职员	企划部	08/10/07
1999345	张浩然	男	04/13/77	主管	企划部	07/15/99

部门职工数: 3

工号	姓名	性别	出生日期	职务	部门	工作日期
1997042	王宏伟	男	12/03/75	副主管	销售部	07/10/97
1990456	唐怡然	女	12/05/65	主管	销售部	07/20/90
1998078	聂英	女	09/08/78	职员	销售部	06/07/98
2003023	李航	女	05/07/81	职员	销售部	09/15/03

部门职工数: 4

图 1-20-3 按职工部门分组的职工分组报表

3. 习题

1）选择题

（1）在报表设计中，关于报表的标题，下列叙述正确的是（　　）。

A）每页打印一次　　B）每报表打印一次

C）每组打印一次　　D）每列打印一次

（2）在设计报表时，报表中包括若干个带区。如要打印统计信息，在每张报表的最后一页打印一次，应将其放入（　　）带区。

A）细节　　B）页注脚　　C）总结　　D）组标头

（3）在报表设计器中，域控件的数据类型包括（　　）。

A）字符型、日期型　　B）字符型、数值型和日期型

C）字符型、数值型和逻辑型　　D）字符型、数值型、逻辑型和日期型

（4）报表的数据源可以是（　　）。

A）表、视图或查询　　B）自由表或其他报表

C）数据库表、自由表或查询　　D）数据库表、自由表或视图

（5）下列关于报表预览的说法，错误的是（　　）。

A）如果报表文件的数据源内容已经更改，但没有保存报表，其预览的结果也会随之更改

B）只有预览了报表后，才能打印报表

C）在报表设计器中，任何时候都可以使用预览功能，查看页面设计的效果

D）在进行报表预览的同时，不可以更改报表的布局

（6）报表设计完成后，可以使用 REPORT FORM 命令进行预览或打印。如果仅仅是预览，应该使用（　　）子句。

A）TO PRINT　　B）PROMPT　　C）FOR　　D）PREVIEW

2）判断题

（1）报表设计器中基本带区不包括标题。（　　）

（2）报表中不允许加入图片。（　　）

（3）第一次启动报表设计器时，报表布局中有 3 个带区，分别是：页标头、细节和组注脚。（　　）

（4）在报表设计器中，可以设计报表布局，规划数据在页面上的打印位置，只能添加域控件。（　　）

（5）设计的报表可以通过屏幕浏览效果，也可以通过打印机直接打印。（　　）

（6）报表的数据源只能是数据库中的表或自由表，而不能是视图、查询或临时表。（　　）

（7）报表设计器中可以设置报表数据源、更改报表的布局、添加报表的控件和设计数据分组等。（　　）

（8）报表包含了若干个带区，带区的作用是控制数据在页面上的打印位置。（　　）

（9）报表文件除了保存报表的格式定义外，也保存所要打印的数据。（　　）

（10）定义报表的要素有：报表的数据源、报表的布局。（　　）

实验 21　菜单与工具栏

1. 实验目的

- 掌握菜单设计器的使用。
- 掌握菜单设计的方法。
- 掌握快捷菜单设计的方法。
- 掌握工具栏的创建方法

2. 实验任务

在 E 盘创建子文件夹:ex5 – 21,将“ex5 – 21”文件夹设置为默认路径。

【任务 1】根据图 1-21-1 所示的职工工资管理系统的功能模块,为该系统创建一个名为“main. mnx”的菜单文件。

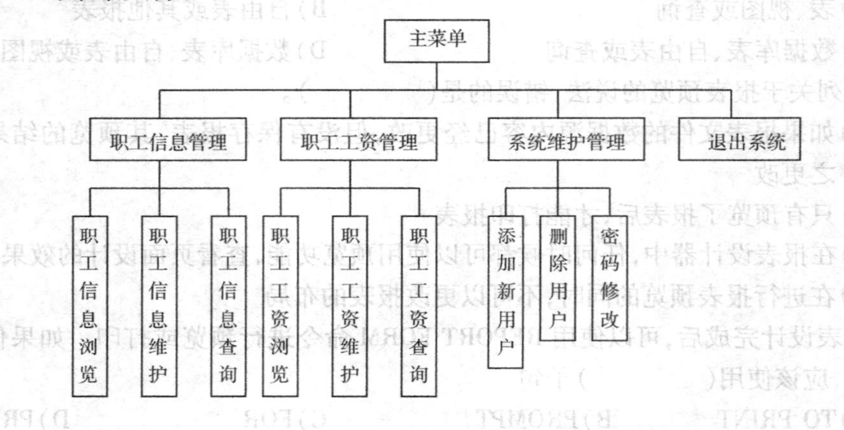

图 1-21-1　职工工资管理系统的功能模块

【任务 2】根据职工工资管理系统的功能模块给“职工信息管理”“职工工资管理”和“系统维护管理”选项创建子菜单。

3. 习题

1)选择题

(1)在 VFP 中,使用“菜单设计器”定义菜单,最后生成的菜单程序的扩展名是(　　　　)。

A)MNX　　B)MPR　　C)PRG　　D)SPR

(2)将一个设计完成并预览成功的菜单存盘后,却无法执行,其原因可能是(　　)。

A)没有以命令方式执行　　B)没有生成菜单程序

C)没有放入项目管理器中　　D)没有存入规定的文件目录

(3)在使用菜单设计器设计菜单时,如果要为当前的菜单项指定若干条命令,应在其对应的“结果”栏中选择(　　　　)。

A)过程　　B)子菜单　　C)命令　　D)填充名称

(4)为表单建立了快捷菜单 mymenu,调用快捷菜单的命令代码 DO mymenu.mpr 应该放在表单的(   )事件中。

A)Destory B)Init C)Load D)RightClick

(5)在菜单设计中,可以在定义菜单名称时为菜单项指定一个访问键。如果菜单项的访问键为“X”,则菜单名称定义是(   )。

A)综合查询\<(X) B)综合查询/>(X)

C)综合查询(\<X) D)综合查询(/>X)

(6)假设有菜单文件 mainmu.mnx,下列说法正确的是(   )。

A)利用 DO mainmu 命令,可运行该菜单文件

B)首先在菜单生成器中,将该文件生成可执行的菜单文件 mainmu.mpr,然后执行命令:DO mainmu 可运行该菜单文件

C)首先在菜单生成器中,将该文件生成可执行的菜单文件 mainmu.mpr,然后执行命令:DO mainmu.mpr 可运行该菜单文件

D)首先在菜单生成器中,将该文件生成可执行的菜单文件 mainmu.mpr,然后执行命令:DO MEMU mainmu 可运行该菜单文件

2)判断题

(1)在设计菜单时,需要设计一个菜单项来运行表单 Form1,其命令为“DO FORM Form1.scx”。则在菜单设计器中的“结果”处应选择“过程”,然后输入运行表单的命令。 (   )

(2)菜单生成器不能将一个菜单生成为一个程序文件(.MPR) (   )

(3)要在下拉菜单中将不同功能菜单项进行分组,可以加入一条分隔线。要加入分隔线,可将菜单名称设置为“——————————”。 (   )

(4)在设计菜单时,需要设计一个菜单项来运行表单 myForm,其命令为“DO FORM myForm.scx”。则在设计菜单器中的“结果”处应选择“过程”,然后输入运行表单的命令。 (   )

(5)需要在菜单栏的“文件”下拉子菜单中,设计一个“退出”菜单项,可以使用“插入栏”按钮。

(6)VFP 的系统菜单,其主菜单是一个下拉式菜单。 (   )

(7)在菜单设计器中,将菜单设计完成后,必须使用“预览”命令进行预览。预览成功后,菜单就可以使用了。 (   )

(8)要将一个弹出式菜单作为某个控件的快捷菜单,通常是在该控件的 RIGHTCLICK 事件代码中添加调用弹出式菜单程序的命令。 (   )

(9)要使用快捷菜单,必须将可运行的快捷菜单文件附加到一个具体的对象上。 (   )

(10)所谓“快速菜单”,是可以为菜单项指定快速访问的方式,也称为“快捷菜单”。 (   )

第2部分　模拟题

第1章　笔试模拟试题

1.1　笔试模拟试题(1)

一、单项选择题

1. 要使文本框得到焦点,应使用(　　　　)方法。

(A)GotFocus　　(B)SetFocus　　(C)LostFocus　　(D)LoadFocus

2. 数组定义 PUBLIC A(2,4)后,数组 A 中各数据元素的初值为(　　　　)。

(A)0　　(B). T.　　(C). F.　　(D)1

3. 计时器控件的主要属性是(　　　　)。

(A)Caption　　(B)Interval　　(C)Value　　(D)Fontsize

4. 在视图设计器的"更新条件"选项卡中,如果出现"铅笔"标志,表示(　　　　)。

(A)该字段为关键字　　(B)该字段为非关键字

(C)该字段可以更新　　(D)该字段不可以更新

5. 表单中有一文本框控件 Text1,表单运行后,文本框 Text1 中的数据能显示但不能被用户修改,则应将文本框的属性设置为(　　　　)。

(A)ThisForm. Text1. Visible = . F　　(B)ThisForm. Text1. Readonly = . F.

(C)ThisForm . Text1. Visible = . T.　　(D)ThisForm. Text1. Readonly = . T.

6. 在"报表设计器"中,可以使用的控件有(　　　　)。

(A)布局和数据源　　(B)标签、域控件和列表

(C)标签、文本框和列表框 (D)标签、域控件和线条

7. 在 VFP 中，当 X = -13 时，表达式 0 < X < =13 的值是( )。

(A).T. (B).F.

(C)10 (D)非法表达式

8. 专门的关系运算是( )。

(A)水平、垂直、网状 (B)顺序、选择、循环

(C)选择、投影、连接 (D)选择、投影、关系

9. 设有字符型变量 XM 用于存储学生姓名，字符型变量 XB 用于存储学生性别。要查询姓李的女生，正确的条件表达式是( )。

(A)XM =李 * AND XB =女 (B)XM ="李 * " AND XB ="女"

(C)XM ="李 * " OR XB ="女" (D)XM ="李" AND XB ="女"

10. 表单 Form1 中有一标签 Label1 和一命令按钮 Command1。Command1 的 Click 事件代码如下。表单运行后单击命令按钮 Command1，标签 Label1 将显示( )。

```
A = substr(str(year(date()),4),3,2)    && 假设当前系统日期为 2015 年 1 月 8 日
B = str(val("9") + 10, at("b","abcdef")) + A
MK = "dk" + B
X = "88.56"
Z = str(&X,2) + "10&X"
Thisform.label1.caption = MK + " " + Z
```

(A)dk1915 891088.56 (B)dk10915 891088.56

(C)dk1915 881088.56 (D)dk10915 881088.56

11. 在 VFP 中利用( ) 保证实体完整性。

(A)候选索引 (B)主索引、候选索引、普通索引

(C)主索引或候选索引 (D)主索引、候选索引和唯一索引

12. “项目管理器”中的“文档”选项卡用于创建和管理( )。

(A)程序、API 库和应用程序 (B)数据库表、自由表和查询

(C)菜单、文本文件和其他文件 (D)表单、报表和标签

13. 以下关于“视图”描述正确的是( )。

(A)视图保存在项目文件中 (B)视图保存在数据库中

(C)视图保存在表文件中 (D)视图保存在视图文件中

14. 输出报表的命令是( )。

(A)PREVIEW REPORT (B)REPORT FROM

(C)DO REPORT (D)SHOW REPORT

15. 在 VFP 中，建立表单时建立了扩展名分别为( )的文件。

(A).dbc 和.dcx (B).sct 和.scx

(C).dbf 和.fpt (D).dbf 和.cdx

16. VFP 参照完整性规则不包括( )。

(A)更新规则 (B)查询规则 (C)删除规则 (D)插入规则

17—20 题基于商品销售所需的两个数据表：

商品.dbf(商品号/C/6,商品名称/C/10,单价/N/7/1,产地/C/10)

销售.dbf(订单号/C/10,商品号/C/6,销售数量/N/4)。

17. 为“销售.dbf”表增加一个字段“销售日期/D”,正确的 SQL 语句是(　　)。

(A)ALTER TABLE 销售 ADD 销售日期 D(8)

(B)ALTER DBF 销售 ADD 销售日期 D(8)

(C)ALTER TABLE 销售 ADD 销售日期 D

(D)ALTER DBF 销售 ADD 销售日期 D

18. 统计产地是“南京”的所有商品销售金额(=单价 * 销售数量),正确的 SQL 语句是(　　)。

(A)SELECT 产地,SUM(单价 * 销售数量)AS 销售金额 FROM 商品,销售 WHERE 商品.商品号=销售.商品号 AND 产地="南京"

(B)SELECT 产地,SUM(单价 * 销售数量)AS 销售金额 FROM 商品,销售 WHERE 商品.商品号=销售.商品号 FOR 产地="南京"

(C)SELECT 产地,单价 * 销售数量 AS 销售金额 FROM 商品,销售 WHERE 商品.商品号=销售.商品号 AND 产地="南京"

(D)SELECT 产地,单价 * 销售数量 AS 销售金额 FROM 商品,销售 WHERE 商品.商品号=销售.商品号 FOR 产地="南京"

19. 将产地为“成都”的商品的单价减少 10%,正确的 SQL 语句是(　　)。

(A)CHANGE 商品 WITH 单价=单价 *(1-10%)where 产地="成都"

(B)CHANGE 商品 WITH 单价=单价 *(1-0.1)where 产地="成都"

(C)UPDATE 商品 SET 单价=单价 *(1-10%)where 产地="成都"

(D)UPDATE 商品 SET 单价=单价 *(1-0.1)where 产地="成都"

20. 向商品表中插入一条记录,数据分别为“100012,移动电源,199.8,深圳”,正确的语句是(　　)。

(A)INSERT INTO 商品 VALUSE(100012,移动电源,199.8,深圳)

(B)INSERT INTO 商品 VALUSE("100012","移动电源",199.8,"深圳")

(C)APPEND INTO 评分 VALUSE(100012,移动电源,199.8,深圳)

(D)APPEND INTO 评分 VALUSE("100012","移动电源",199.8,"深圳")

二、判断题

1. 在创建表单时,创建的对象既可以用作输入,也可以作输出的控件是标签。(　　)

2. 在 VFP 中,自由表和数据库表具有相同的特性。(　　)

3. 在表单中为可以预先通过修改 Value 属性值来设置文本框将输入的数据类型。(　　)

4. 在使用键盘或鼠标更改对象的内容时,将发生 GotFocus 事件,在对象接受焦点时将发生 InteractiveChange 事件。(　　)

5. 输入一个数 A,可用表达式 A/2=INT(A/2)判断该数是否为奇数。(　　)

6. SQL 查询语句中 ORDER BY 子句的功能是限定查询条件。(　　)

7. 报表设计器中基本带区不包括标题。 (　　)

8. 使用循环 SCAN...ENDSCAN 结构时,必须用 SKIP 命令移动记录指针。 (　　)

9. 在 DO CASE...ENDCASE 语句中,如果多个分支条件同时成立时,则这些分支都要执行。 (　　)

10. 假设有菜单文件 mainmu.mnx,必须在菜单生成器中将该文件生成可执行的菜单文件 mainmu.mpr,然后才能执行命令:DO　mainmu 运行该菜单文件。 (　　)

三、选择填空题

1. 设计如图 2-1-1 所示的表单,在列表框中显示 100～200 中能被 7 整除的数,每行显示 6 个数。(列表框的属性已设置)请选择并完善以下程序。

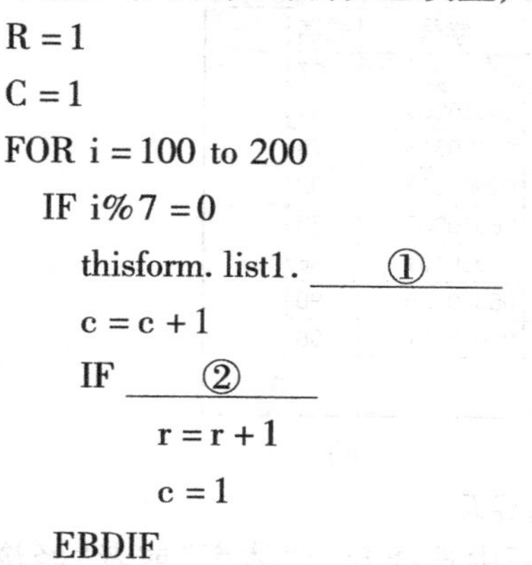

```
R = 1
C = 1
FOR i = 100 to 200
   IF i%7 = 0
      thisform.list1.______①______
      c = c + 1
      IF ______②______
         r = r + 1
         c = 1
   EBDIF
ENDFOR
```

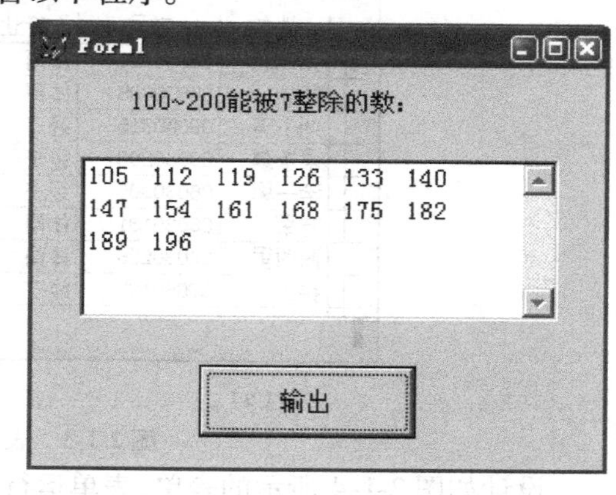

图 2-1-1　表单设计界面

① (A) additem(str(i,3))　　(B) additem(str(i,3),r,c)

　(C) addlistitem(str(i,3),r,c)　　(D) addlistitem(str(i,3))

② (A) c%6 = 0　　(B) c = 7　　(C) r%6 = 0　　(D) r = 7

2. 设计如下表单界面,如图 2-1-2(a)所示。表单运行时,在文本框中输入任意一个数字串,单击"判断"按钮后,判断该数字串是否为回文数字,并在标签 Label2 上显示结果,如图 2-1-2(b)所示。

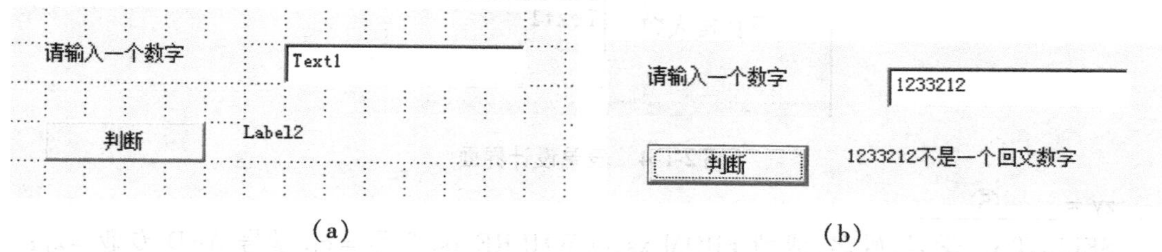

(a)　　(b)

图 2-1-2　表单设计及运行界面

其中,判断按钮的 Click 事件代码如下,请完善程序。

```
n = alltrim(thisform.text1.value)
s = ""
FOR i = len(n) to 1 ______③______
   s = s + substr(n,i,1)
```

```
endfor
IF ____④____
    thisform.label2.caption = n + "是一个回文数字"
ELSE
    thisform.label2.caption = n + "不是一个回文数字"
ENDIF
```

③(A)skip 1　　(B)skip -1　　(C)step 1　　(D)step -1

④(A)str(n) = s　　(B)n = val(s)　　(C)n = s　　(D)n = &s

3. 有学生数据表 Xs.dbf 和成绩数据表 Cj.dbf,如图 2-1-3(a)、图 2-1-3(b)所示。

Xs

姓名	学号	专业
张无忌	06030101	体育
黄灿	06030205	体育
刘小涛	09060315	经济
梁永琪	09060209	经济
李一男	06030305	经济
方军	06030131	体育
谢谢里	06030226	体育
钟山	09060127	经济

(a)

Cj

学号	成绩
06030101	67
06030205	54
09060315	75
09060209	92
06030305	58
06030131	86
06030226	90
09060127	56

(b)

图 2-1-3　表单设计及运行界面

设计如图 2-1-4 所示的表单,表单运行后,在组合框中选择专业"体育"或者"经济"后(组合框中的数据选项采用手工输入),在下方的文本框中显示所选专业学生的不及格人数。选择并完善组合框控件的 InteractiveChange 事件代码。

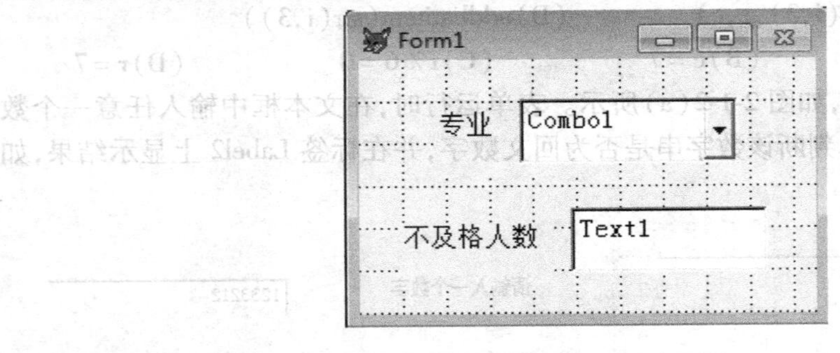

图 2-1-4　表单设计界面

```
zy = ____⑤____
SELECT xs.学号,姓名,成绩 FROM xs,cj WHERE xs.学号 = cj.学号 AND 专业 = zy;
    INTO CURSOR xstemp
SELECT ____⑥____ FROM xstemp WHERE 成绩 < 60 ____⑦____
thisform.text1.value = rs(1)
```

⑤(A)thisform.combo1.caption　　(B)thisform.combo1.value

(C)thisform.combo1.name　　(D)thisform.combo1.label

⑥(A)count(*)　　(B)人数 as rs　　(C)人数　　(D)sum(人数)

⑦(A)INTO temp rs　　(B)INTO cursor rs

(C)INTO ARRAY rs　　(D)TO ARRAY rs

4. 有学生数据表 STU. dbf,表中记录如下:

记录号	学号(C)	4 姓名(C)	性别(C)	年龄(N)
1	201501	王强	男	22
2	201502	陈刚	男	24
3	201503	刘霞	女	20
4	201504	吴萍	女	23
5	201505	张莹	女	21
6	201506	黄鹏	男	20

设计如图 2-1-5 所示的表单,将 stu. dbf 添加到表单的数据环境中。表单运行后,单击"统计"命令按钮,分别统计并显示表中男女生平均年龄和男女生人数,选择并完善"统计"命令按钮的 Click 事件代码。

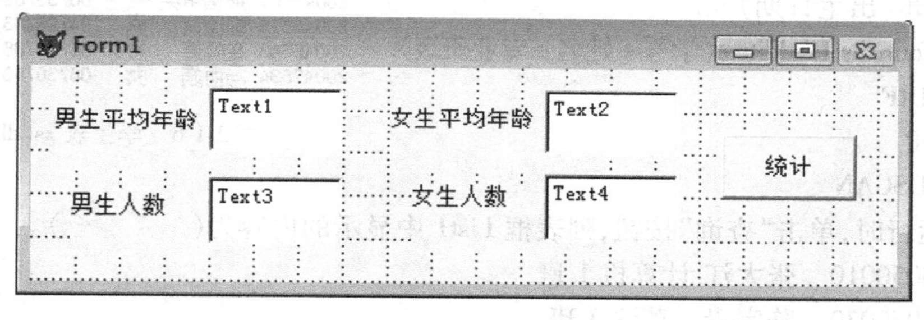

图 2-1-5　表单设计界面

"统计"命令按钮的 Click 事件代码如下:

```
na =0
nv =0
NL1 =0
NL2 =0
DO WHILE NOT EOF()
   IF 性别 ="男"
      ____⑧____
      NL1 = NL1 + 年龄
   ELSE
      nv = nv + 1
      NL2 = NL2 + 年龄
   ENDIF
   ____⑨____
ENDDO
thisform. text1. value = ____⑩____
thisform. text2. value = NL2/nv
```

```
thisform. text3. value = na
thisform. text4. value = nv
```

⑧(A) na = na + 1　　(B) na = 1　　(C) na = na + 2　　(D) na = 0

⑨(A) SKIP　-1　　(B) SKIP　　(C) NEXT　　(D) CONTINUE

⑩(A) NL1　　(B) NL1/2　　(C) NL1/na　　(D) na

四、读程序

1. 有如图 2-1-6 所示的学生表 xs. dbf，其中出生日期为 D 型，其余字段均为 C 型。

学号	姓名	性别	出生日期	专业班级
20050005	柳小山	男	10/11/87	计算机1班
20050010	张大江	男	07/02/87	计算机1班
20050015	何芳	女	05/06/87	计算机1班
20050020	冯艳	女	09/09/87	计算机1班
20050025	陈兴华	男	02/14/87	英语3班
20050030	陈宗贵	男	07/02/87	英语3班
20050035	张伟	男	07/24/87	英语3班
20050040	张广辉	男	07/07/87	英语3班
20043567	那措中央	女	06/30/86	机械制造4班
20043679	邹德斋	男	04/26/86	机械制造4班
20045643	崔婷婷	女	06/08/86	机械制造4班
20047634	冯丽娟	女	06/30/86	机械制造4班

图 2-1-6　学生表 xs. dbf

设计如图 2-1-7 所示的表单，将学生表 xs. dbf 添加到表单的数据环境中，查询按钮的 Click 事件代码如下：

```
USE xs
SCAN FOR 性别 ="男"
IF month(出生日期) =7
   thisform. list1. additem(学号 + 姓名 + 专业班级)
   ENDIF
   SKIP
   ENDSCAN
```

表单运行时，单击"查询"按钮，列表框 List1 中显示的内容为(　　　　)。

(A) 20050010　张大江 计算机 1 班
　　20050030　陈宗贵　英语 3 班
　　20050035　张伟　　英语 3 班
　　20050040　张广辉　英语 3 班

(B) 20050010　张大江 计算机 1 班
　　20050035　张伟　　英语 3 班

(C) 20050010　张大江 计算机 1 班

(D) 20050035　张伟　　英语 3 班

2. 设计如图 2-1-8 所示的表单，表单中文本框 Text1 的初值为 0，文本框 Text2 为只读文本框。表单运行后，在文本框 Text1 中输入正整数"127"，按回车键，在文本框 Text2 中显示的结果是(　　　　)。

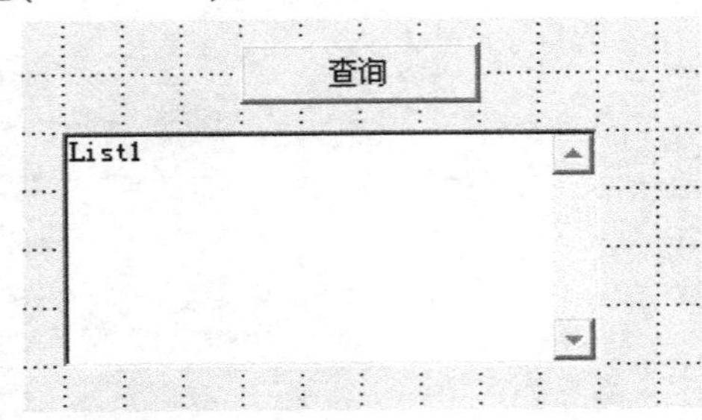

图 2-1-7　表单设计界面

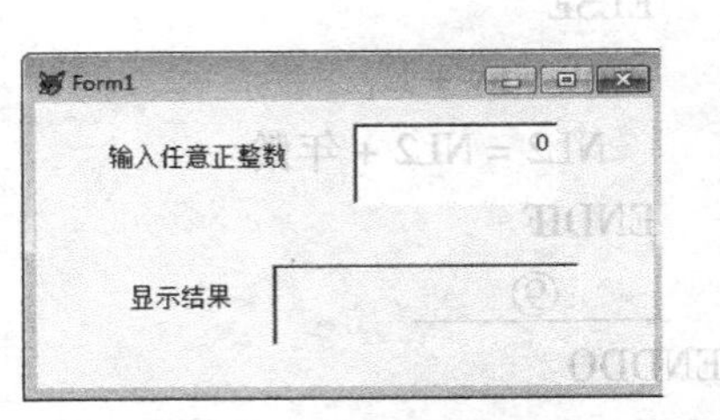

图 2-1-8　表单设计界面

文本框 Text1 的 LostFocus 事件代码如下：

```
x = thisform. text1. value
y = ""
DO WHILE x < >1
   r = x%2
   y = str(r,1) + y
   x = INT(x/2)
ENDOO
thisform. text2. value = str(x,1) + y
```

(A)1111110　　(B)1111111

(C)1111112　　(D)1111113

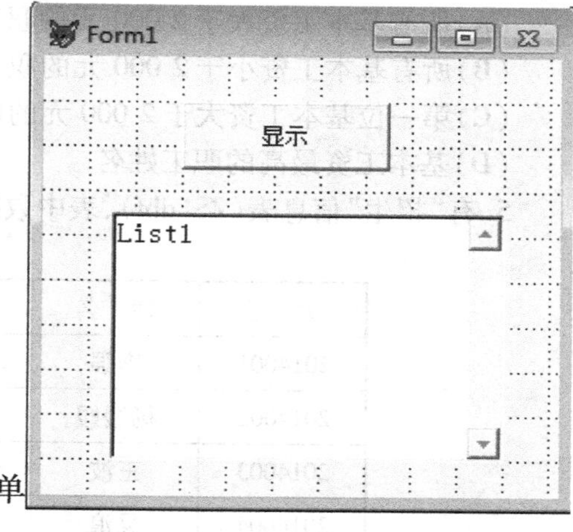

图 2-1-9　表单设计界面

3. 设计如图 2-1-9 所示的表单，表单运行后单击“显示”按钮，列表框 List1 将显示(　　　　)。

“显示”命令按钮的 Click 事件代码如下：

```
THISFORM. LIST1. CLEAR
FOR I =5 TO 1 STEP  -1
     A = SPACE(10 - I)
     FOR J =  1 TO I * 2 - 1
        A = A + STR(J,1)
     ENDFOR
     THISFORM. LIST1. ADDITEM(A)
ENDFOR
```

(A)
```
    1
   123
  12345
 1234567
123456789
```

(B)
```
    1
   321
  54321
 7654321
987654321
```

(C)
```
123456789
 1234567
  12345
   123
    1
```

(D)
```
987654321
 7654321
  54321
   321
    1
```

4. 有一个职工工资数据表，文件名为：gzb. dbf。设计一表单，包含一个命令按钮控件和一个编辑框控件，命令按钮的 Click 事件代码如下：

```
Thisform. edit1. value = ""
Select * FROM gzb ORDER BY 基本工资 DESC INTO dbf jxb
Go top
Do WHILE ! Eof()
   If 基本工资 >2000
        Thisform. edit1. value = Thisform. edit1. value + 姓名
        EXIT
   ENDIF
   SKIP
ENDDO
```

表单运行后，单击"命令"按钮，编辑框中显示的结果是(　　)。

(A)所有基本工资大于 2 000 元的职工姓名

(B)所有基本工资小于 2 000 元的职工姓名

(C)第一位基本工资大于 2 000 元的职工姓名

(D)基本工资最高的职工姓名

5. 有"招生"信息表(ZS. dbf)，表中数据如表 2-1-1 所示。

表 2-1-1

学　号	姓　名	性　别	民　族	成　绩
2014001	李强	男	汉族	580
2014002	杨媛媛	女	土家族	520
2014003	王波	男	汉族	540
2014004	吴浪	男	苗族	480
2014005	马莉莉	女	汉族	615
2014006	梅苏	女	汉族	585

设计如图 2-1-10 所示的表单，该招生信息表已添加到表单数据环境中，"查询"命令按钮的 Click 事件代码如下。

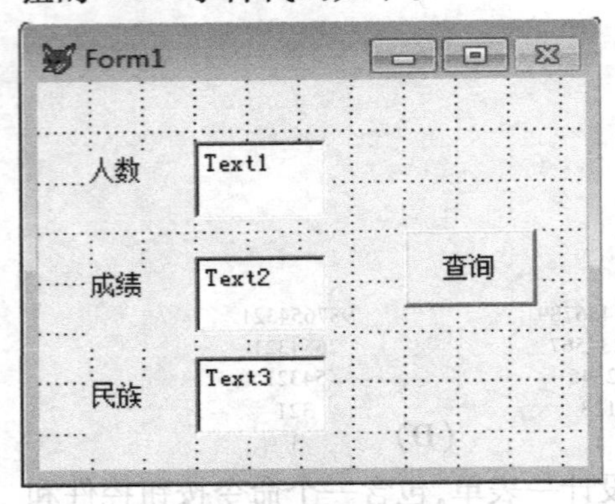

图 2-1-10　表单设计界面

```
rensh =0
cj =0
mz =""
SELECT zs
SCAN
   IF 民族 < >"汉族"
      rensh = rensh +1
      cj = cj + 成绩
      mz = 民族
   endif
endscan
thisform. text1. value = rensh
thisform. text2. value = cj/rensh
thisform. text3. value = mz
thisform. refresh
```

表单运行时，单击"查询"命令按钮，3 个文本框 Text1、Text2 和 Text3 中分别输出的结果是(　　　　)。

(A)2、520、土家族　　　　(B)2、480、苗族

(C)2、500、土家族　　　　(D)2、500、苗族

6. 有两个表文件，表中数据如表 2-1-2、表 2-1-3 所示。

表 2-1-2 外币信息表(文件名为:wbxx. dbf)

外币名称	外币代码	基准价
美元	02	827.00
英镑	04	1 176.50
欧元	05	895.56
法郎	08	600.48

表 2-1-3 持有情况(文件名为:cyqk. dbf)

姓　名	外币代码	持有数量
张强	02	2 000
张强	04	2 300
张强	05	2 500
李森	04	3 000
李森	08	2 500
王静芳	04	2 800
王静芳	05	2 200
刘雪峰	02	3 000
刘雪峰	05	2 200
刘雪峰	08	2500

设计如图 2-1-11 所示的表单,表单运行后,单击"查询"命令按钮,表格 Grid1 中显示的结果是(　　　)。

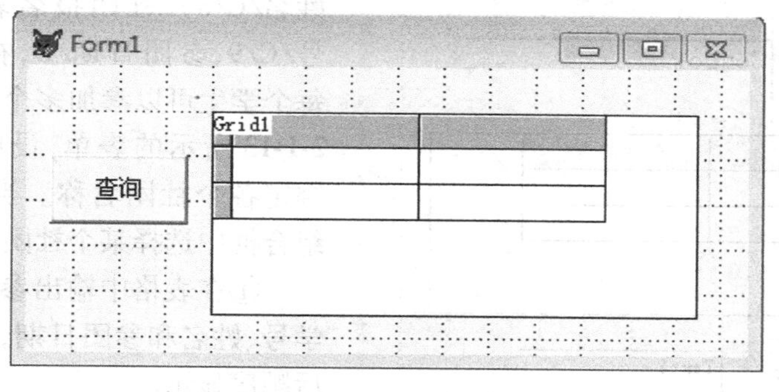

图 2-1-11　表单设计界面

"查询"按钮的 Click 事件代码如下:

```
SELECT 姓名,外币名称,持有数量  FROM wbxx,cyqk ;
      WHERE  wbxx.外币代码 = cyqk.外币代码 and 基准价 > 850 AND 持有数量 > = 2 500;
      ORDER BY 持有数量 into cursor temp
thisform.grid1.recordsource = 'temp'
```

(A)张强	欧元	2 500	(B)张强	英镑	1 500
王静芳	英镑	2 800	王静芳	欧元	2 800
李森	英镑	3 000	李森	英镑	3 000
(C)张强	欧元	2 500	(D)张强	英镑	2 500
王静芳	欧元	2 800	王静芳	欧元	2 800
李森	英镑	3 000	李森	法郎	3 000

五、程序设计题

1. 设计如图2-1-12(a)所示的表单，运行表单后单击“输出”按钮，在列表框中输出斐波拉切数列的第3~20项，每行显示4个数，如图2-1-12(b)所示(注:斐波拉切数列的前两个数是1、1，第3个数是前两个数的和，以后的每个数都是前两个数之和)。

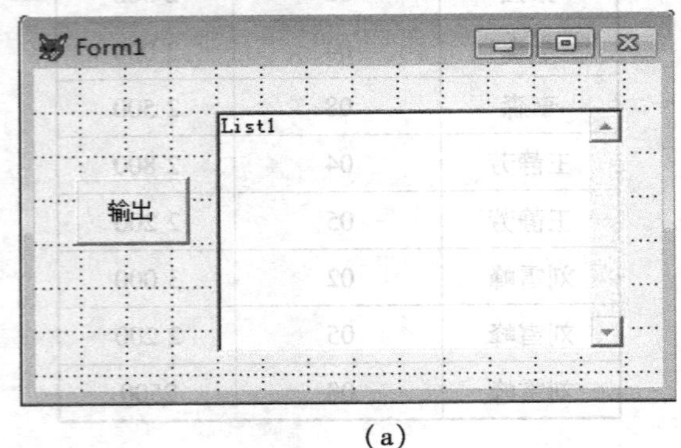

(a)

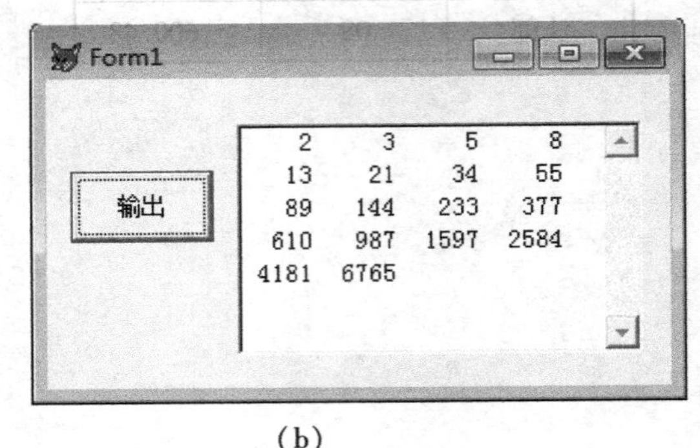

(b)

图2-1-12　表单设计及运行界面

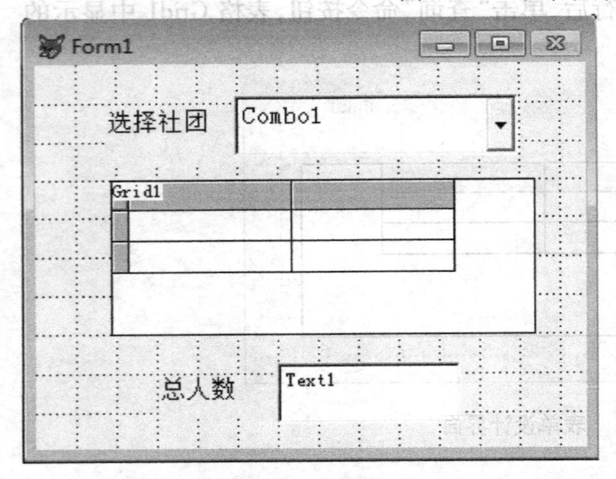

图2-1-13　表单设计界面

2. 已有学生表STUD.dbf(学号/C/9，姓名/C/8)，社团报名表BMB.DBF(学号/C/9，参团日期/D，社团/C/20)(注:每个学生可以参加多个社团)，设计如图2-1-13所示的表单，设已为组合框手工绑定各个社团名称。当表单运行时，从组合框中选择某个社团，则

①在表格中输出参加该社团学生的学号、姓名和参团日期，并按参团日期先后顺序显示。

②在文本框Text1中输出该社团学生的总人数。

请编写组合框Combo1的InteractiveChange事件代码。

1.2　笔试模拟试题(2)

一、单项选择题

1. 将数学上的代数式$\frac{a^2+x_1^2y}{5+xy^2}$改写成 VFP 的算术表达式为(　　　　)。

　(A)(a^2 + x^2 * y)/(5 + x * y^2)

　(B)a ** 2 + x1 ** 2 * y/5 + x * y ** 2

　(C)(a ** 2 + x1 ** 2 * y)/(5 + x * y ** 2)

　(D)(a^2 + x^2^ y)/(5 + x^ y^2)

2. 字符型常量必须加定界符,其定界符有单引号、双引号和(　　　　)。

　(A)大括号　　(B)小括号　　(C)方括号　　(D)小数点

3. 用鼠标双击对象时引发的是(　　　　)事件。

　(A)DbClick　　(B)Click　　(C)RightClick　　(D)GotFocus

4. 将当前表单关闭并从内存中释放的正确语句是(　　　　)。

　(A)ThisForm. hide　　(B)ThisForm. Release

　(C)ThisForm. Refresh　　(D)ThisForm. Clear

5. 设计如图 2-1-14 所示的表单,“输出”按钮的 Click 事件代码如下。表单运行后,单击“输出”按钮,文本框中显示的结果是(　　　　)。

　“输出”按钮的 Click 事件代码如下:

```
ks = "重庆市计算机等级笔试考试"
str1 = Substr(ks,7,6) + substr(ks,17,4)
thisform. Text1. value = str1
```

　(A)计算机等级考试　　(B)计算机考试

　(C)计算机等级笔试考试　　(D)计算机笔试

6. 在 VFP 中,参照完整性规则的更新规则设置为“级联”,则(　　　　)。

　(A)父表中的连接字段值在任何情况下都不允许更新

　(B)若子表中有与父表相关的记录,则禁止修改父表中连接字段值

　(C)父表中的连接字段值可以随意更新,不会影响子表中的记录

　(D)更新父表中连接字段值时,用新的连接字段自动修改子表中的所有相关记录

7. 表单设计界面如图 2-1-15 所示,“确定”按钮的 Click 事件代码如下。表单运行后,单击“确定”按钮,文本框中显示的结果是(　　　　)。

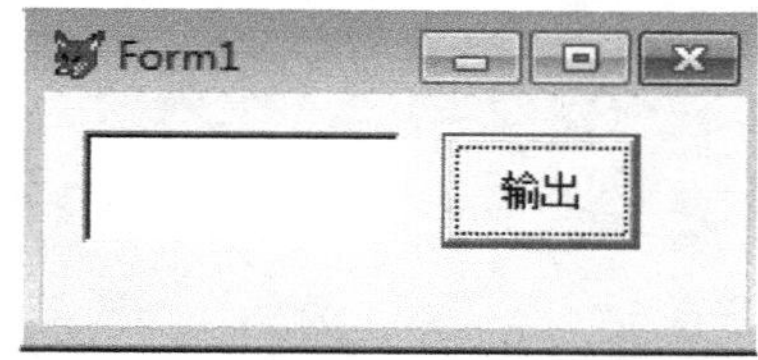

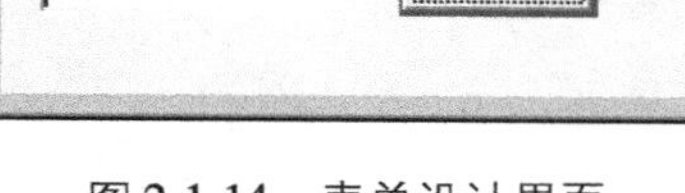

图 2-1-14　表单设计界面

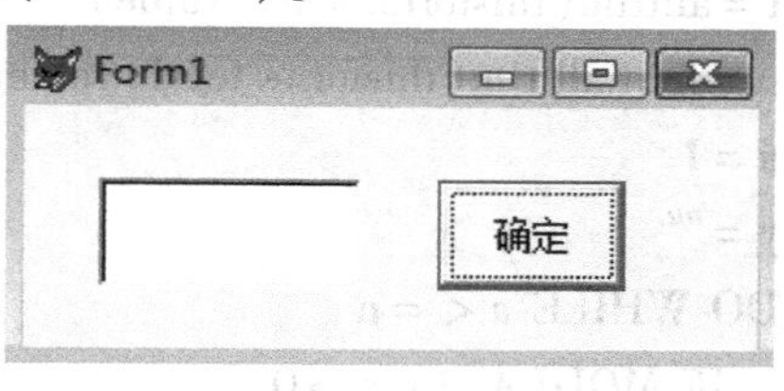

图 2-1-15　表单设计界面

"确定"按钮的 Click 事件代码如下：

```
Dime x(10)
FOR i = 1 to 5
    x(i) =12 - i
Next
Thisform. Text1. Value = x(5)
```

(A)5　　(B)7　　(C)9　　(D)12

8. 下面是关于表单数据环境的叙述，其中错误的是(　　)。
(A)可以在数据环境中加入与表单操作有关的表
(B)表单数据环境是一个容器控件
(C)可以在数据环境中建立表之间的联系
(D)打开表单时，表单数据环境中的表自动打开

9. 如所建索引的字段值不允许重复，但一个表中可以创建多个索引的是(　　)。
(A) 主索引　　(B)唯一索引　　(C)候选索引　　(D)普通索引

10. 在报表设计中，关于报表的标题，下列叙述中正确的是(　　)。
(A)每页打印一次　　(B)每报表打印一次
(C)每组打印一次　　(D)每列打印一次

11. VFP 表达式：ROUND(456.875，-2) * MOD(3，-7)的值是(　　)。
(A)2 000　　(B)1 500　　(C) -2 000　　(D) -1 500

12. VFP 表单 InteractiveChange 事件的含义是(　　)。
(A)在对象接受焦点时　　(B)在使用键盘或鼠标更改对象时
(C)在对象的位置发生改变时　　(D)在对象的尺寸发生改变时

13. 控件有自己的属性、方法和(　　)。
(A)图形　　(B)事件　　(C)容器　　(D)形状

14. 输入一个数 N，判断其为奇数的错误表达式为(　　)。
(A)N/2 < >INT(X/2)　　(B)MOD(N,2) < >0
(C)N%2 < >0　　(D)MOD(N/2) < >0

15. 退出 VFP 回到操作系统下的命令是(　　)。
(A)EXIT　　(B)RETURN　　(C)QUIT　　(D)BACK

16. 设计如图 2-1-16 所示的表单，在文本框 Text1 中输入字符串"移动商务"，单击"Command1"命令按钮，标签 Label2 中的显示结果为(　　)。
命令按钮"Command1"的 Click 事件代码如下：

```
t = alltrim(thisform. text1. value)
n = len(alltrim(thisform. text1. value))
a =1
y =""
DO WHILE a < =n
  IF MOD(A,2) < >0
  y = y + SUBSTR(t,8 - a) + SPACE(2)
```

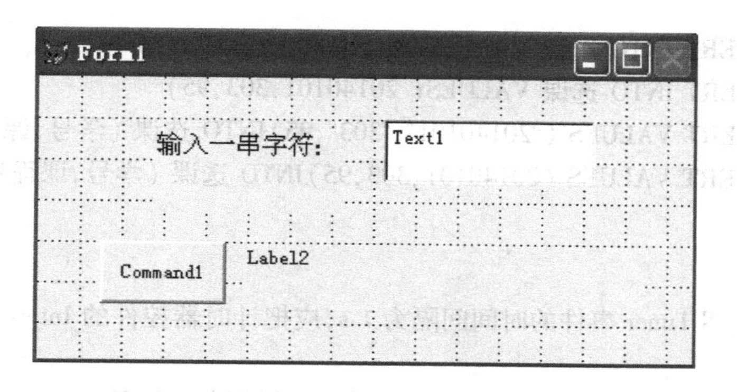

图 2-1-16 表单设计界面

```
  ENDIF
  a = a + 1
ENDDO
thisform.label2.caption = y
```

(A)务　商务　动商务　移动商务

(B)移动商务　动商务　商务　务

(C)商务　移动商务　商务　移动

(D)移动　商务　移动　商务

17. 为表单建立了快捷菜单 CLmenu,调用快捷菜单的命令代码 DO　CLmenu.mpr 应该放在表单的(　　　　)事件中。

(A)Click　　(B)DblClick　　(C)RightClick　　(D)Load

下列 18—20 题基于如下数据表完成:

学生.DBF:学号(C,8),姓名(C,6),性别(C,2),出生日期(D)

选课.DBF:学号(C,8),课程号(C,3),成绩(N,5,1)

18. 查询所有 1996 年 7 月 1 日(含 7 月 1 日)以后出生、性别为男的学生,正确的 SQL 语句是(　　　　)。

(A)SELECT * FROM 学生 WHERE 出生日期 > = {^1996-07-01} OR 性别 ="男"

(B)SELECT * FROM 学生 WHERE 出生日期 < = {^1996-07-01} AND 性别 ="男"

(C)SELECT * FROM 学生 WHERE 出生日期 > = {^1996-07-01} AND 性别 ="男"

(D)SELECT * FROM 学生 WHERE 出生日期 < = {^1996-07-01} OR 性别 ="男"

19. 计算王芳同学选修的所有课程的平均成绩,正确的 SQL 语句是(　　　　)。

(A)SELECT　AVG(成绩)FROM 学生,选课 For 姓名 ="王芳"

(B)SELECT　AVG(成绩)FROM 学生,选课 WHERE 姓名 ="王芳"

(C)SELECT　AVG(成绩)FROM 学生,选课 FOR 学生.学号 = 选课.学号 AND 姓名 ="王芳"

(D)SELECT　AVG(成绩)FROM 学生,选课 WHERE 学生.学号 = 选课.学号 AND 姓名 ="王芳"

20. 在"选课"表中插入一条记录,该记录各字段的值分别为,学号:"20140101";课程号:"303";成绩:95,正确的 SQL 语句是(　　　　)。

(A) INSERT INTO 选课 VALUES("20140101","303",95)

(B) INSERT INTO 选课 VALUES(20140101,303,95)

(C) INSERT VALUES ("20140101","303",95) INTO 选课 (学号,课程号,成绩)

(D) INSERT VALUES (20140101,303,95) INTO 选课 (学号,课程号,成绩)

二、判断题

1. 要设置调用 Timer 事件的时间间隔为 1 s,应把计时器控件的 Interval 属性值设置为 100。 (　　)

2. 表单数据环境中的表或视图能随着表单的运行而自动打开。 (　　)

3. 在 VFP 中定义数组后,数组中各元素的默认值为 0。 (　　)

4. 在 VFP 的默认状态下,表达式 "北京天安门"="北京" 的结果为. T.。 (　　)

5. 在 SQL 查询语言中,TOP 短语不需要与 ORDER BY 短语配对使用。 (　　)

6. 在 VFP 中自由表的表名不能超出 8 个字符。 (　　)

7. 在 VFP 中实体完整性是利用主索引或候选索引来保证的。 (　　)

8. 选择表单上的多个控件的方法是按住 Shift 键的同时,用鼠标依次单击所要选的控件。 (　　)

9. 宏替换函数 & 后的变量可以是任意类型的变量。 (　　)

10. 表单中添加控件后,只能通过属性窗口改变其属性值。 (　　)

三、选择填空题

1. 有一密码验证程序,其设计界面如图 2-1-17 所示,表单运行后在两个文本框中输入两次密码,单击"确定"按钮,两个密码完全相同,验证通过(关闭表单)。否则,弹出提示窗口,报告"密码值有误,重新输入!",如图 2-1-17 所示,再单击"确定"按钮后,两个文本框的内容被清空,光标置于文本框 Text1 中。请选择并完善控件的属性设置和事件代码。

图 2-1-17　表单设计界面

文本框 Text1、Text2 的 PasswordChar 属性设置为____①____。

“确定”命令按钮的 Click 事件代码如下：

```
SET EXACT ON
If  alltrim(thisform.text1.value) < > alltrim(thisform.text2.value)
        messagebox("密码值有误,重新输入!")
        Thisform.text1.value = ""
        Thisform.text2.value = ""
        ____②____
  ELSE
        Thisform.release
  ENDIF
```

①(A)#　(B)*　(C)$　(D)X

②(A)thisform.text1.focus　(B)thisform.text1.gotfocus

(C)thisform.text1.setfocus　(D)thisform.text1.lostfocus

2. 设计如图 2-1-18(a)所示的表单，表单运行后，单击“确定”按钮，在文本框中输出水仙花数（水仙花数是一个 3 位数，它的每个数位上的数字的 3 次幂之和等于它本身，如 $153 = 1^3 + 5^3 + 3^3$），运行结果如图 2-1-18(b)所示。选择并完善“确定”命令按钮的 Click 事件代码。

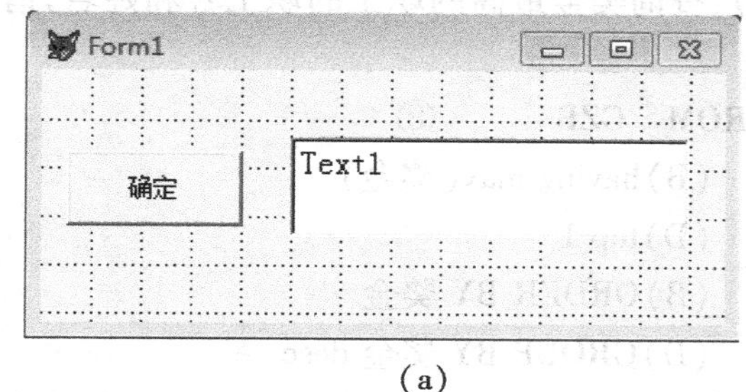

(a)

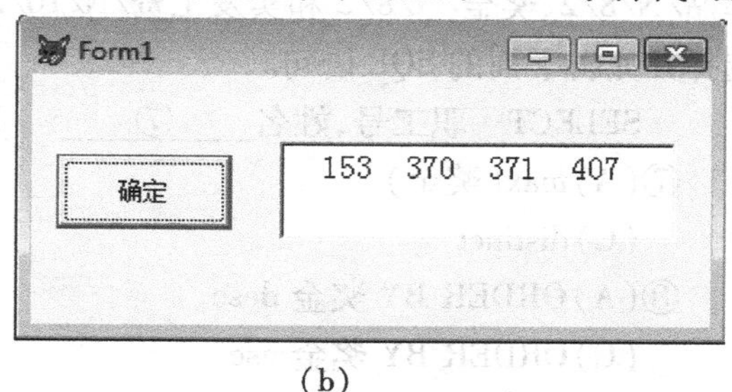

(b)

图 2-1-18　表单设计及运行界面

“确定”命令按钮的 Click 事件代码如下：

```
Y = ""
FOR i = 100 to 999
   a = int(i/100)
   b = int(mod(I,100)/10)
   c = ____③____
   IF i = a^3 + b^3 + c^3
       Y = ____④____
   ENDIF
ENDFOR
thisform.text1.value = y
```

③(A)mod(i/10)　(B)mod(int(i))　(C)i%10　(D)i/10

④(A)y + str(I,5)　(B)y + I + chr(13)

(C)y + I　(D)y + str(I,5) + chr(13)

3. 在编辑框中显示 1 ~100 以内的奇数。请选择并完善以下程序。

```
thisform. edit1. value =""
i =1
DO WHILE i < =100
    if ______⑤______
    ______⑥______
    ENDIFf
    i =i +1
ENDDO
```

⑤(A)mod(i,2) =0　　(B)mod(i/2) < >0

(C)mod(i/2) =0　　(D)mod(i,2)#0

⑥(A)thisform. edit1. caption = thisform. edit1. caption + str(I,3) +""

(B)thisform. edit1. value = thisform. edit1. value + I +""

(C)thisform. edit1. value = thisform. edit1. value + str(I,3) +""

(D)thisform. edit1. caption = thisform. edit1. caption + I +""

4. 工资表 GZB. dbf 的表结构为(职工号/C/8,姓名/C/8,职称/C/10,基本工资/N/7/2、津贴/N/8/2、奖金/N/8/2 和实发工资/N/10/2),查询奖金最高的职工的职工号和姓名,请选择并完善下面的 SQL 语句。

```
SELECT 职工号,姓名______⑦______ FROM GZB ______⑧______
```

⑦(A)max(奖金)　　(B)having max(奖金)

(C)distinct　　(D)top 1

⑧(A)ORDER BY 奖金 desc　　(B)ORDER BY 奖金

(C)ORDER BY 奖金 asc　　(D)GROUP BY 奖金 desc

5. 表单运行时在文本框 Text1 中输出工资表 GZB. dbf 中实发工资在 8 000 以上的人数,请选择并完善以下代码。

```
USE GZB
X =0
GO TOP
DO WHILE ! EOF()
    IF ______⑨______
        X =X +1
    ENDIF
    ______⑩______
ENDDO
thisform. text1. caption = X
```

⑨(A)实发工资 > X　　(B)实发工资 =8 000

(C)实发工资 >8 000　　(D)X >8 000

⑩(A)GO X　　(B)GOTO X　　(C)SKIP　　(D)SKIP X

四、读程序

1. 设计一表单，表单中包含一命令按钮 Command1 和一标签 Label1，命令按钮的事件代码如下：

```
Store 0 to x,s
DO WHILE .t.
   X = x + 1
   s = s + x
   IF x > 5
      EXIT
   ENDIF
ENDDO
thisform.label1.caption = str(s,2)
```

表单运行后，单击命令按钮，标签 Label1 应该显示的内容为(　　　)。

(A)15　　　　(B)5　　　　(C)11　　　　(D)21

2. 已知数据表 Gz.dbf 的结构的：编号(N/7)，姓名(C/6)，性别(C/2)，工资(N/7,2)，数据如图 2-1-19 所示。

姓名	性别	职称	工资
詹舒婷	女	初级	1100.00
刘兴旺	男	高级	1200.00
钟山雨	女	中级	1000.00
张海涛	女	高级	1200.00
费云翔	男	中级	1000.00
楚震震	男	高级	1300.00

图 2-1-19　数据表 GZ.DBF 的数据

有如图 2-1-20 所示的表单，数据表 Gz.dbf 已添加到表单的数据环境中。表单运行后单击“Command1”按钮，标签 Label1 将显示什么？

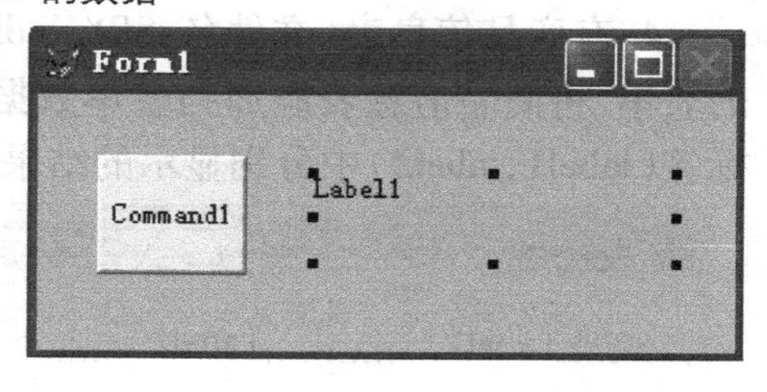

图 2-1-20　表单设计界面

“Command1”命令按钮的“Click”事件代码如下：

```
Sele gz
N =0
S =0
xm =""
thisform.label1.caption =""
SCAN
  IF 职称 ="高级" and  性别 ="男"
     SKIP
```

```
    ELSE
        n = n + 1
        s = s + 工资
        xm = xm + alltrim(姓名) + space(4)
    ENDIF
ENDSCAN
thisform.label1.caption = xm + space(4) + "平均:" + str(s/n,7,2)
```

(A)詹舒婷　张海涛　　平均:1150.00

(B)詹舒婷　张海涛　费云翔　　平均:1100.00

(C)詹舒婷　钟山雨　张海涛　费云翔　平均:1075.00

(D)詹舒婷　钟山雨　张海涛　　平均:1100.00

3. 设计如图 2-1-21 所示的表单，其中，所有文本框的初始值为 0，文本框 Text3 的 valid 事件代码如下：

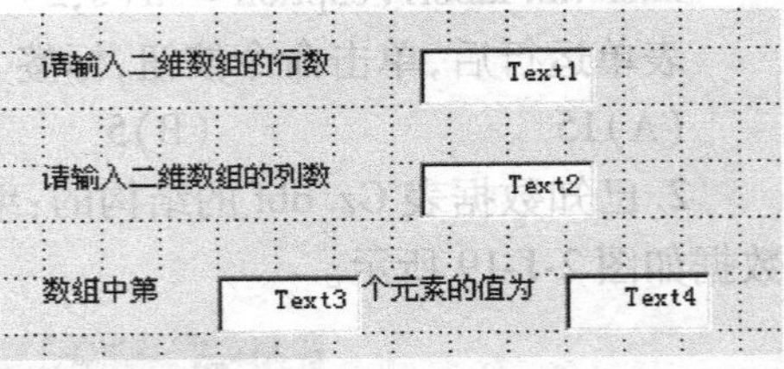

图 2-1-21　表单设计界面

```
x = thisform.text1.value
y = thisform.text2.value
z = thisform.text3.value
DIME m(x,y)
FOR i = 1 to x
   FOR j = 1 to y
      m(i,j) = i * j
   ENDFOR
ENDFOR
thisform.text4.value = m(z)
```

表单运行后，分别在文本框 Text1 中输入 5，文本框 text2 中输入 6，文本框 text3 中输入 16 后按回车键，则文本框 Text4 中显示结果为(　　　　)。

(A)0　　　　(B)11　　　　(C)12　　　　(D)30

4. 有商品信息表(文件名:SPXX.dbf)，表中数据如表 2-1-4 所示，设计如图 2-1-22 所示的表单，将商品信息表添加到表单数据环境中。表单运行时，单击"统计"命令按钮，两个标签(label1,label2)中分别显示的结果是(　　　　)。

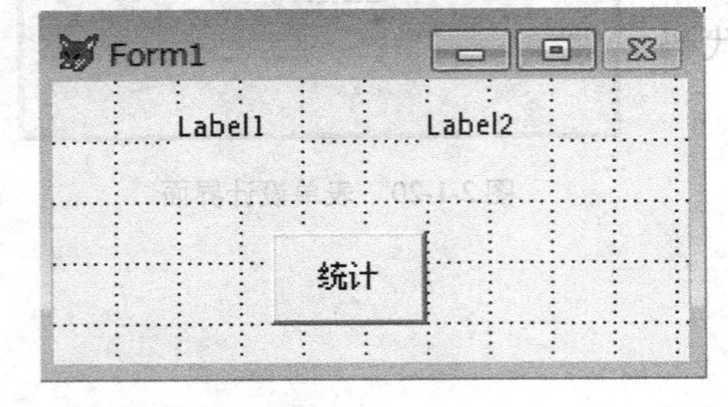

图 2-1-22　表单设计界面

表 2-1-4　商品信息表(文件名:SPXX.DBF)

商品名	单价/元	数量
电视机	5798	4
电饭煲	198	10
电风扇	288	5
洗衣机	2288	3
电冰箱	6798	2
电吹风	90	10

"统计"命令按钮的 Click 事件代码如下：

```
s=0
n=0
DO WHILE .not. eof()
   DO CASE
      CASE 价格>5000
         n=n+数量
      CASE 价格<200
         s=s+价格*数量
   ENDCASE
   SKIP
ENDDO
thisform.label1.caption=str(s)
thisform.label2.caption=str(n)
```

(A)2880　6　　(B)2880　20　　(C)1980　10　　(D)5798　4

5. 设计如图 2-1-23 所示的表单，表单运行时，在文本框 Text1 中输入 ASCⅡ字符串"FZG54jdf457Ae"。单击"显示"按钮，在标签 Label2 控件中将显示(　　　)。

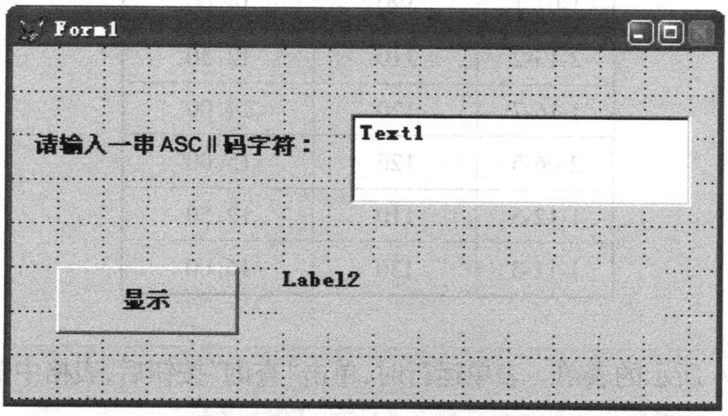

图 2-1-23　表单设计界面

"显示"按钮的 Click 事件代码如下：

```
X=thisform.text1.value
C=""
FOR i=1 to len(x)
  A=substr(x,i,1)
  If a>="0" and a<="9"
     a="?"
  ENDIF
  C=c+a
Endfor
Thisform.text2.value=c
```

(A) fzg54jdf457ae (B) FZG54JDF457AE

(C) fzg?? jdf??? ae (D) FZG?? jdf??? Ae

6. 已知有户主信息(hzxx. dbf)和房屋信息(fwxx. dbf)两张表,如表 2-1-5、表 2-1-6 所示:

表 2-1-5 户主信息(hzxx. dbf)

房 号	户 主	电 话
1-01-1	章依兰	18567345211
2-13-2	王庆生	13244556672
1-16-7	李丽	13567524756
2-06-5	陈萍	13878478927
1-12-5	张畅	13457566375
1-11-3	李梦楠	18934756258

表 2-1-6 房屋信息(fwxx. dbf)

房 号	房屋面积	公摊水电费
1-01-1	120	14. 00
2-13-2	110	12. 50
1-16-7	120	14. 00
2-06-5	126	15. 00
1-12-5	110	12. 50
1-11-3	130	16. 00

创建如图 2-1-24 所示的表单。表单运行时,单击“查询”按钮后,表格中输出(　　　　)。

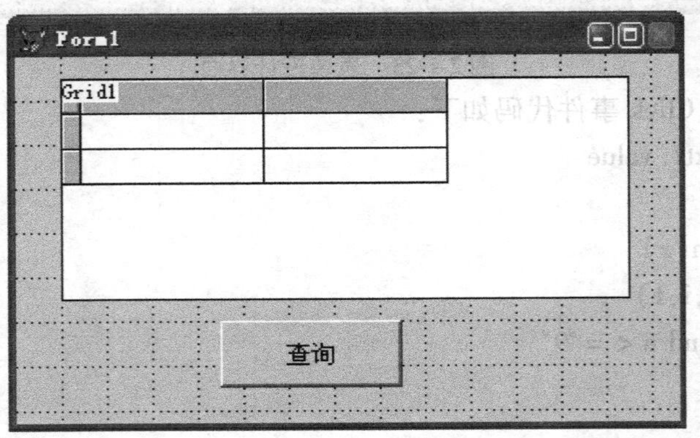

图 2-1-24 表单设计界面

“查询”按钮的 Click 事件代码如下:

SELECT 户主,房屋面积 * 1.5 + 公摊水电费 AS 物管费 FROM hzxx,fwxx;

```
    Where hzxx. 房号 = fwxx. 房号 AND 房屋面积 > 125;
    ORDER BY  2 desc into cursor ss
Thisform. grid1. recordsourse = "ss"
```

(A)李梦楠　211.00　　(B)陈萍　204.00
　　陈萍　204.00　　　　李梦楠　211.00
(C)李梦楠　146.00　　(D)陈萍　141.00
　　陈萍　141.00　　　　李梦楠　146.00

五、程序设计题

1. 设计如图2-1-25所示的表单。表单运行后,单击命令按钮,可以在列表框中输出100~500的自然数中能被5和7同时整除的数(注:利用列表框的单列数据添加方法Additem完成),并在文本框Text1中输出统计的个数,如图2-1-25所示。编写命令按钮的Click事件代码。

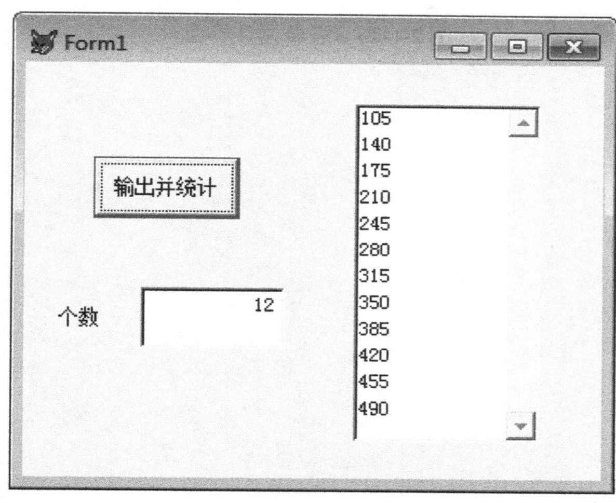

图2-1-25　表单设计界面

2. 设有两个数据表:

教师表(文件名为:jsb. dbf)(教师工号/C,姓名/C,性别/C,所在院系/C);

班级表(文件名为:bjb. dbf)(班级编号/C,班级名称/C,所在院系/C,教师工号/C,课程名称/C)。

设计如图2-1-26所示的表单,组合框Combo1与教师表中的教师编号字段绑定。表单运行后,在组合框Combo1中选择任一位教师的工号,则:

①在文本框Text1处显示该教师的姓名,在文本框Text2处显示该教师所在院系;

②在表格Grid1控件中显示该教师所授课的情况(包括班级编号,班级名称,班级所在院系以及课程名称)。

请编写组合框Combo1的InteractiveChange事件代码实现以上查询功能。

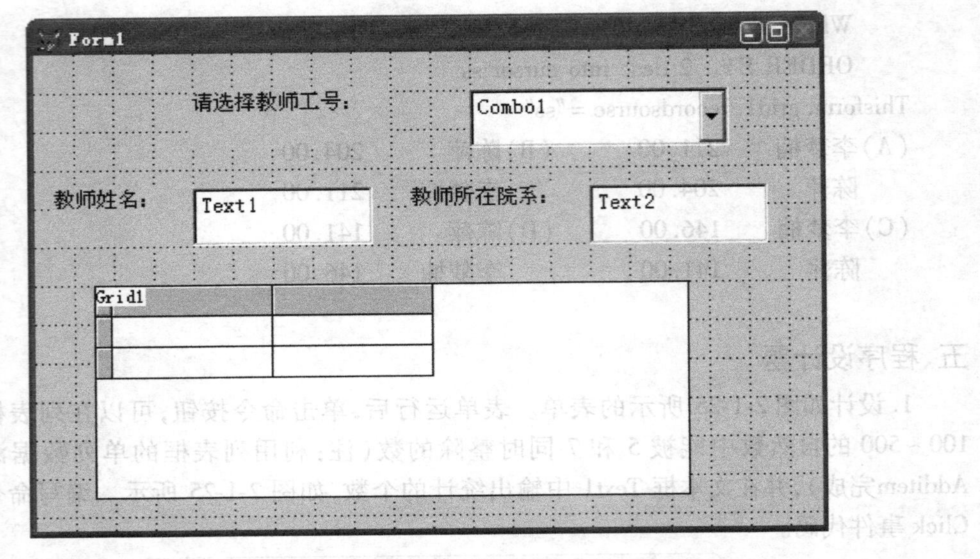

图 2-1-26　表单设计界面

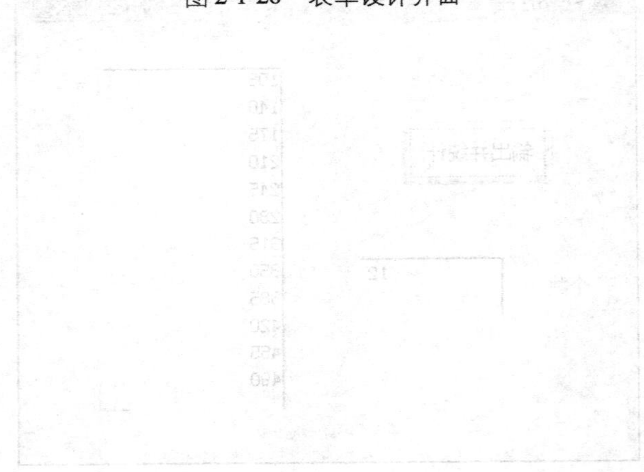

第 2 章　上机模拟试题

2.1　上机模拟试题(1)

一、建立数据库、数据表和表间的永久关系

(1)建立一个学生计算机考试成绩的数据库,文件名为:Kscj. dbc。

(2)该数据库中有两个数据表:学生数据表(文件名为:Stub. dbf)和成绩数据表(文件名为 Cjb. dbf),其数据如图 2-2-1、图 2-2-2 所示。

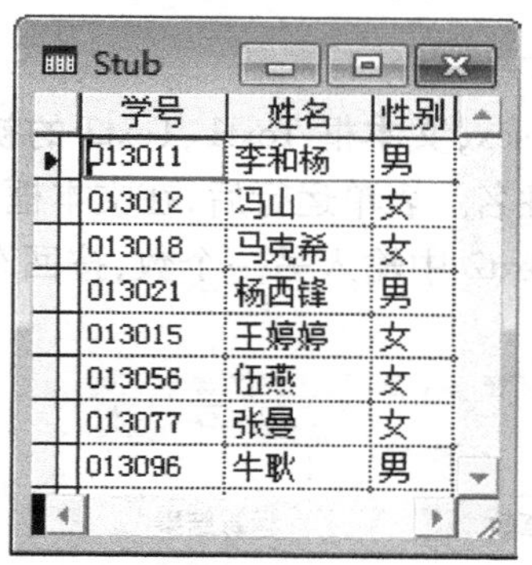

Stub

学号	姓名	性别
013011	李和杨	男
013012	冯山	女
013018	马克希	女
013021	杨西锋	男
013015	王婷婷	女
013056	伍燕	女
013077	张曼	女
013096	牛耿	男

图 2-2-1　学生数据表

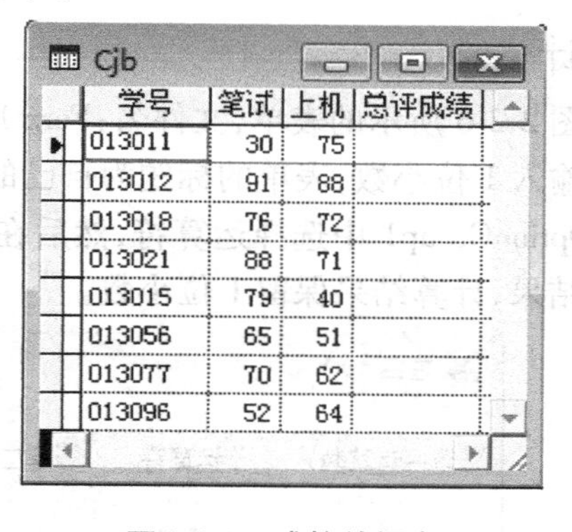

Cjb

学号	笔试	上机	总评成绩
013011	30	75	
013012	91	88	
013018	76	72	
013021	88	71	
013015	79	40	
013056	65	51	
013077	70	62	
013096	52	64	

图 2-2-2　成绩数据表

(3)将 Kscj. dbc 数据库中的 Stub. dbf 和 Cjb. dbf 两表以“学号”建立一对一的永久关系。

二、基于数据表的程序设计

(1)设计如图 2-2-3 所示的表单,文件名:Form11. scx,表单的标题为自己的姓名。单击“计算并显示”按钮,计算每位学生的总评成绩(总评成绩 = 笔试 * 70% + 上机 * 30%)并存入 Cjb. dbf 中,同时在表格 Grid1 中显示 Cjb. dbf 中的信息。

(2)设计如图 2-2-4 所示的表单,文件名:Form12. scx,表单的标题为考生自己的准考证号和姓名。表单运行后,单击“输出”按钮,在列表框 List1 中输出总评成绩不及格的学生的学号、姓名和性别,如图 2-2-5 所示。双击表单空白处关闭表单。

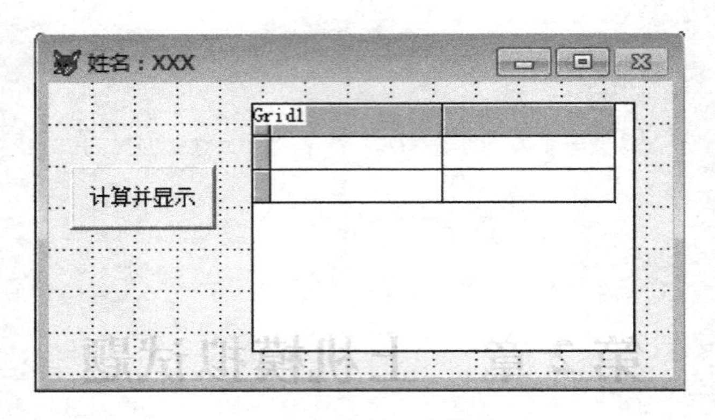

图 2-2-3　表单设计界面

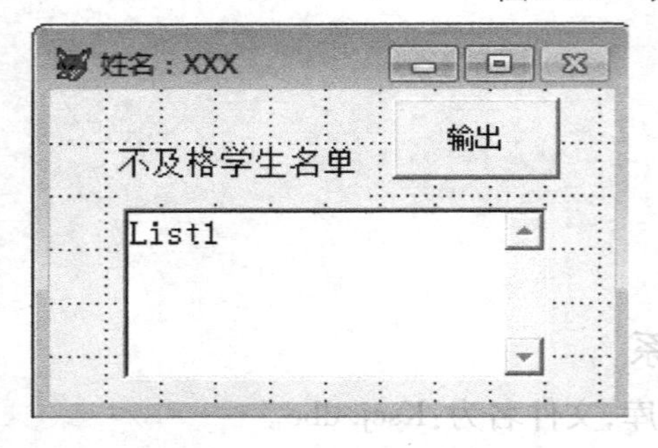

图 2-2-4　表单设计界面

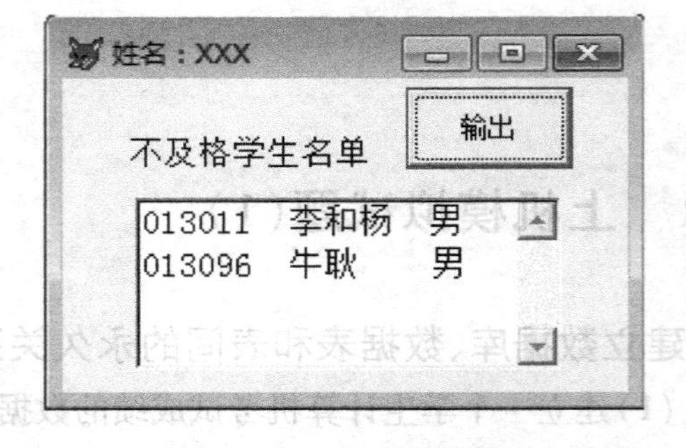

图 2-2-5　表单运行界面

三、表单设计

设计如图 2-2-6 所示的表单，文件名：Form13. scx，文本框 Text1、Text2 的初值设置为数值型并可以输入 1 位小数，表单的标题为自己的姓名。表单运行后，在文本框 Text1 中输入一个数，在 OptionGroup1 中选择运算符，然后在 Text2 中输入另一个数，按回车键，在 Text3 中显示计算结果，计算结果保留 1 位小数。

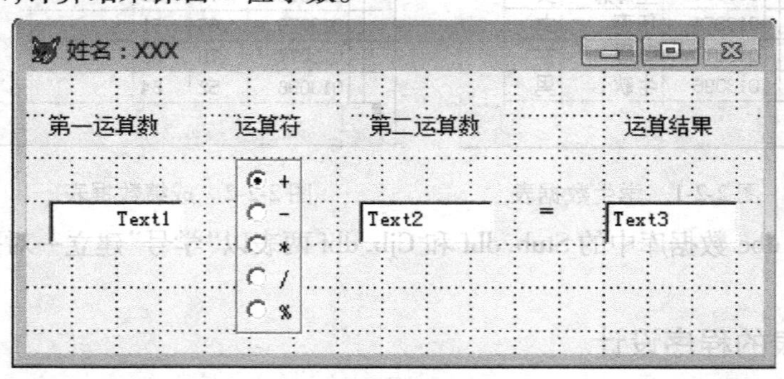

图 2-2-6　表单设计界面

(1) 文本框 Text1、Text2 的 Value 属性值设置为___①___。

(2) 在文本框 Text2 的 Lostfocus 事件中输入并完善如下代码：

```
x = thisform. text1. value
y = thisform. text2. value
```

```
DO CASE
  CASE ____②____
     z = x + y
  CASE thisform. optiongroup1. value = 2
     z = x - y
  CASE thisform. optiongroup1. value = 3
     ____③____
  CASE thisform. optiongroup1. value = 4
     z = x/y
  CASE thisform. optiongroup1. value = 5
     z = x% y
____④____
thisform. text3. value = ____⑤____
```

2.2 上机模拟试题(2)

一、建立数据库、数据表和表间的永久关系

(1)建立一个教材订购管理数据库,文件名为:Jcdg. dbc。

(2)该数据库中包含两个数据表:教材信息表(文件名为:Jc. dbf)和订购信息表(文件名为:Dg. dbf),其数据形式如图2-2-7、图2-2-8 所示。

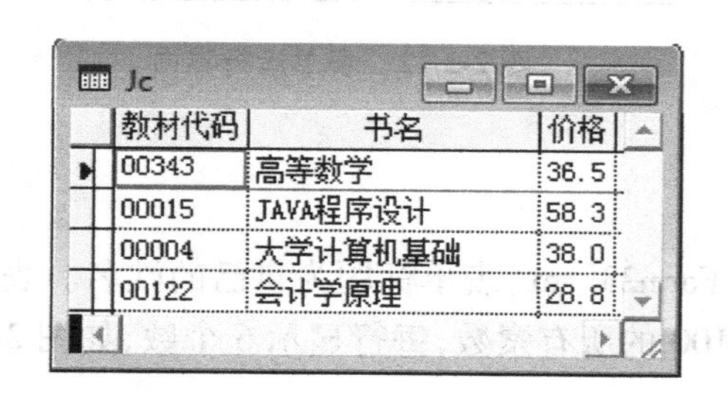

Jc

教材代码	书名	价格
00343	高等数学	36.5
00015	JAVA程序设计	58.3
00004	大学计算机基础	38.0
00122	会计学原理	28.8

图2-2-7　教材信息表

Dg

教材代码	订购单位	数量
00343	管理学院	320
00004	会计学院	348
00343	计算机学院	560
00004	管理学院	580
00015	计算机学院	430
00004	经贸学院	500
00343	会计学院	420
00122	会计学院	500

图2-2-8　订购信息表

(3)将数据库(Jcdg. dbc)中的 Jc. dbf 和 Dg. dbf 两表以“教材代码”建立一对多永久关系。

二、基于数据表的程序设计

(1)设计如图2-2-9 所示的表单,文件名为:Form21. scx,表单标题为自己的姓名,将组合框与 Jc. dbf 中的教材代码字段绑定。表单运行后,选择教材代码,则在标签 Label3 中输出书名,并在表格中输出该书的订购情况。要求输出订购单位、数量及金额(金额 = 数量 * 价格),如图2-2-10 所示。

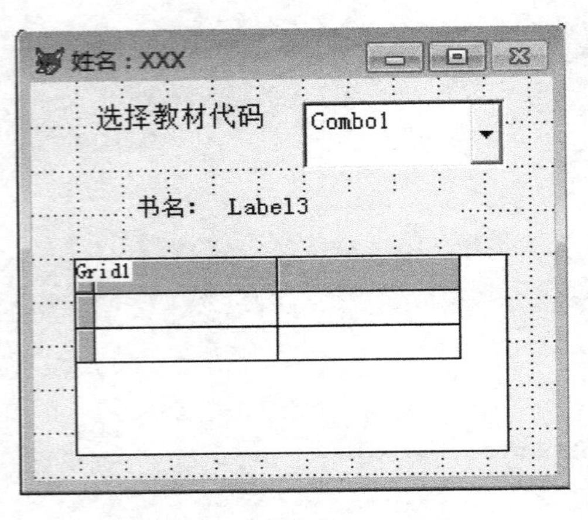

图 2-2-9　表单设计界面

姓名：XXX
选择教材代码　00343
书名：　高等数学

订购单位	数量	金额
管理学院	320	11680.0
计算机学院	560	20440.0
会计学院	420	15330.0

图 2-2-10　表单运行界面

（2）设计如图 2-2-11 所示的表单，文件名为：Form22. scx，表单标题为考生自己的准考证号及姓名，表单运行后，单击"输出"按钮则输出单笔订购数量最少的订购单位，教材名称和订购数量，如图 2-2-12 所示。

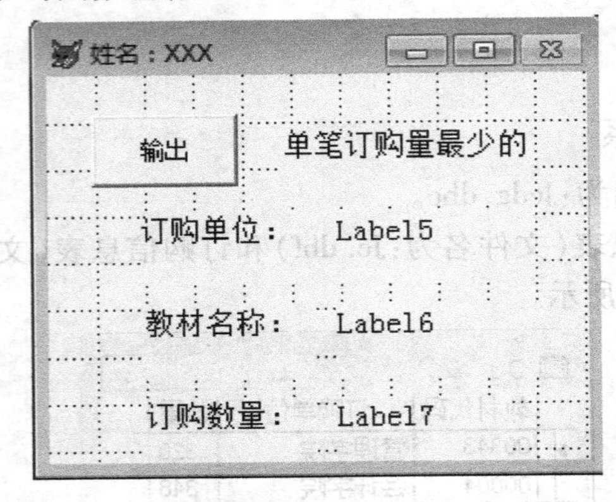

图 2-2-11　表单设计界面

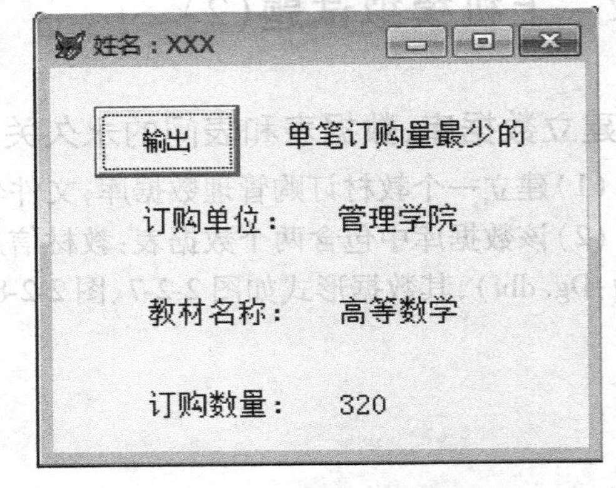

图 2-2-12　表单运行界面

三、表单设计

设计如图 2-2-13 所示的表单，文件名为 Form23. scx，表单标题为自己的姓名。表单运行后，单击"输出"按钮，在编辑框中输出 3 ~ 100 的所有素数，每行显示 6 个数，如图 2-2-14 所示。

在"输出"命令按钮的 Click 事件中完善代码。

```
k =0
FOR x = ____①____
  fg = . t.
  FOR n =2 to sqrt(x)
    IF mod(x,n) =0
      ____②____
      EXIT
```

```
    ENDIF
  ENDFOR
  IF fg
      thisform. edit1. value = thisform. edit1. value + ____③____
      k = k + 1
      IF ____④____
          thisform. edit1. value = thisform. edit1. value + chr(13)
      ENDIF
  ENDIF
ENDFOR
```

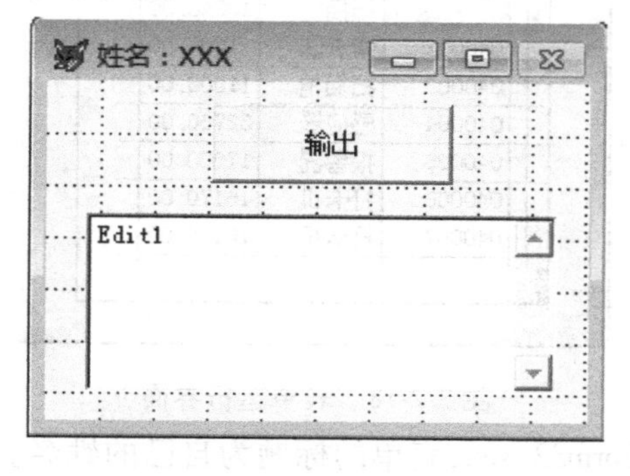

图 2-2-13　表单设计界面

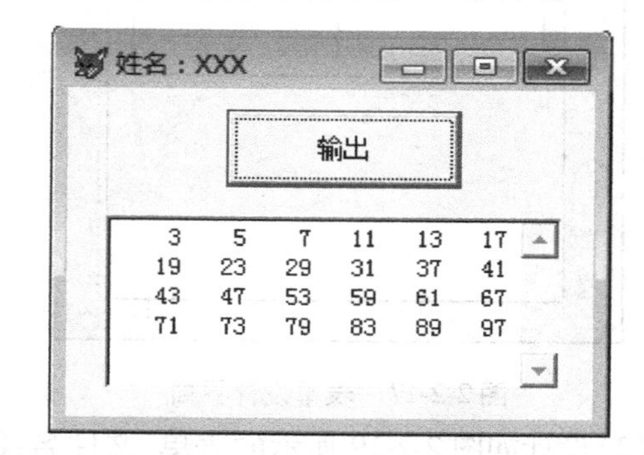

图 2-2-14　表单运行界面

2.3　上机模拟试题(3)

一、建立数据库、数据表和表间的永久关系

(1)建立"订货管理"数据库,文件名为:Dhgl. dbc。

(2)建立该数据库中的两个数据表:商品表(文件名为:Sp. dbf)和订单表(文件名为:Ddb. dbf)。其数据形式如图 2-2-15、图 2-2-16 所示。

(3)将数据库(Dhgl. dbc)中的 Sp. dbf 和 Ddb. dbf 两表以"商品号"建立一对多的永久关系。

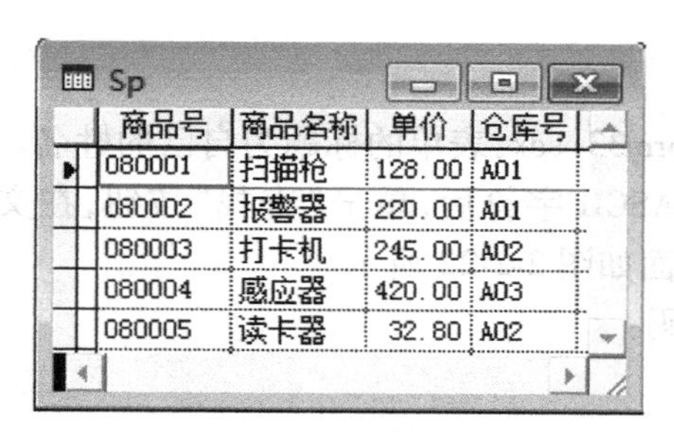
Sp

商品号	商品名称	单价	仓库号
080001	扫描枪	128.00	A01
080002	报警器	220.00	A01
080003	打卡机	245.00	A02
080004	感应器	420.00	A03
080005	读卡器	32.80	A02

图 2-2-15　商品表

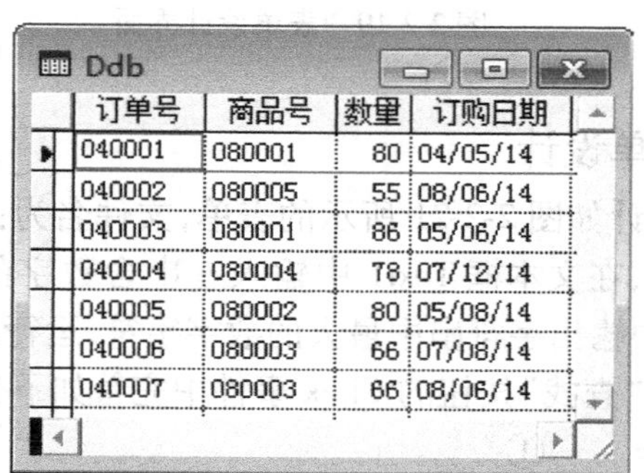
Ddb

订单号	商品号	数量	订购日期
040001	080001	80	04/05/14
040002	080005	55	08/06/14
040003	080001	86	05/06/14
040004	080004	78	07/12/14
040005	080002	80	05/08/14
040006	080003	66	07/08/14
040007	080003	66	08/06/14

图 2-2-16　订单表

二、基于数据表的程序设计

(1)设计如图 2-2-17 所示的表单,文件名为 Form31. scx,表单标题为自己的姓名。表单运行后,单击“显示”命令按钮,显示所有订单的订单号,商品名称及金额(金额 = 数量 * 单价),如图 2-2-18 所示。单击“退出”按钮,关闭表单。

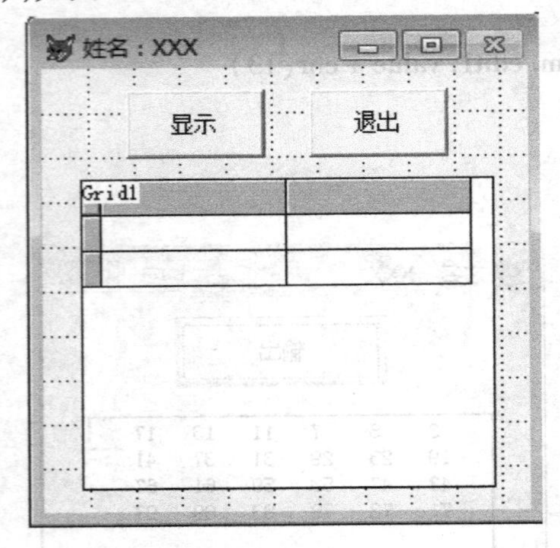

图 2-2-17　表单设计界面

姓名：XXX

显示　退出

订单号	商品名称	金额
040001	扫描枪	10240.00
040002	读卡器	1804.00
040003	扫描枪	11008.00
040004	感应器	32760.00
040005	报警器	17600.00
040006	打卡机	16170.00
040007	打卡机	16170.00

图 2-2-18　表单运行界面

(2)设计如图 2-2-19 所示的表单,文件名:Form32. scx,表单的标题为自己的姓名。组合框 Combo1 手工绑定“仓库号”(A01,A02,A03),表单运行后,在组合框 Combo1 中选择一个仓库号,则在列表框 List1 中显示该仓库中商品的商品号和商品名称,如图 2-2-20 所示。

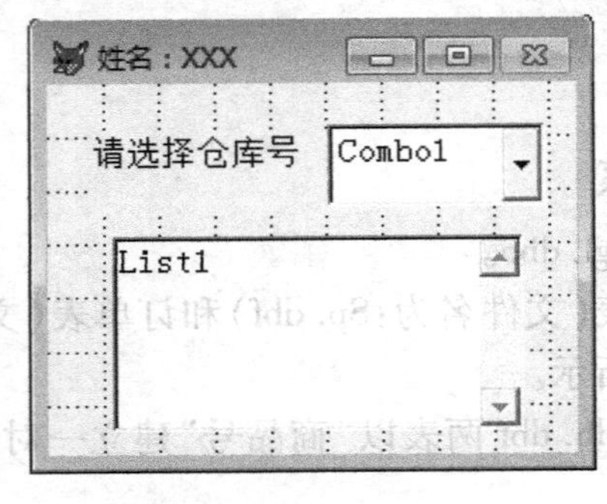

图 2-2-19　表单设计界面

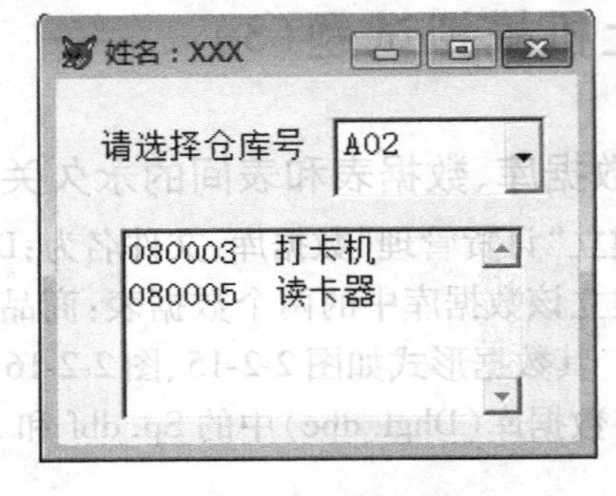

图 2-2-20　表单运行界面

三、表单设计

设计如图 2-2-21 所示的表单,文件名为:Form33. scx,表单的标题为自己的姓名。表单运行时,在文本框 Text1 中输入一串含数字的 ASCII 字符后,单击“查找”按钮,在文本框 Text2 中输出字符串中最大的数字字符,运行界面如图 2-2-22 所示。

在“查找”按钮的 Click 事件中完善如下代码:

```
x = ____①____
mx = "0"
FOR i = 1 to len(x)
```

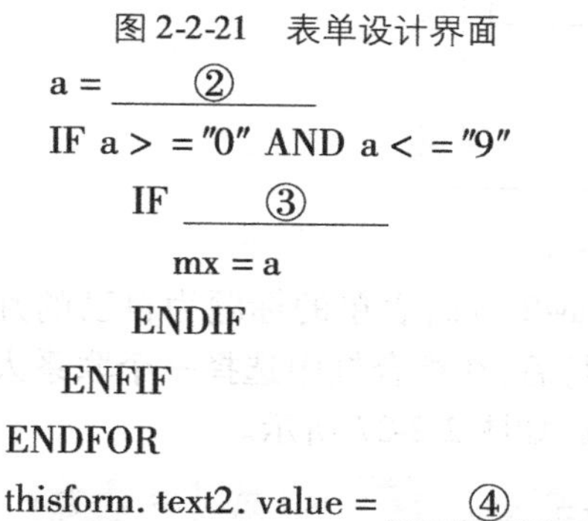

图 2-2-21　表单设计界面

图 2-2-22　表单运行界面

```
    a = ____②____
    IF a > ="0" AND a < ="9"
        IF ____③____
            mx = a
        ENDIF
    ENFIF
ENDFOR
thisform. text2. value = ____④____
```

2.4　上机模拟试题(4)

一、建立数据库、数据表和表间的永久关系

(1)建立一订单管理数据库,文件名为:Ddgl. dbc。

(2)该数据库中包括两个数据表:客户表(文件名为:Kh. dbf)和订单表(文件名为:Dd. dbf)。其数据形式如图 2-2-23、图 2-2-24 所示。

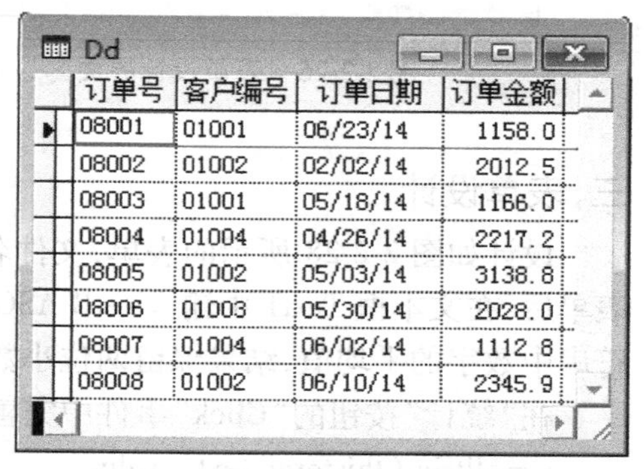

订单号	客户编号	订单日期	订单金额
08001	01001	06/23/14	1158.0
08002	01002	02/02/14	2012.5
08003	01001	05/18/14	1166.0
08004	01004	04/26/14	2217.2
08005	01002	05/03/14	3138.8
08006	01003	05/30/14	2028.0
08007	01004	06/02/14	1112.8
08008	01002	06/10/14	2345.9

Kh

客户编号	客户名称	联系人姓名	公司所在地
01001	旺旺牛奶集团	刘旺财	南京
01002	天仙集团	李天仙	上海
01003	乐事有限公司	王乐乐	广州
01004	呆呆电脑	蒙呆	北京

图 2-2-23　客户表

图 2-2-24　订单表

(3)将数据库 DDGL. dbc 中的数据表 Kh. dbf 和 DD. dbf 以“客户编号”建立一对多永久关系。

二、基于数据表的程序设计

(1)设计如图 2-2-25 所示的表单,文件名为:Form41. scx,表单的标题为自己的姓名。

表单运行后，单击“计算并显示”按钮，计算各地区的客户订单总金额，并在表格中显示公司所在地，订单总金额。

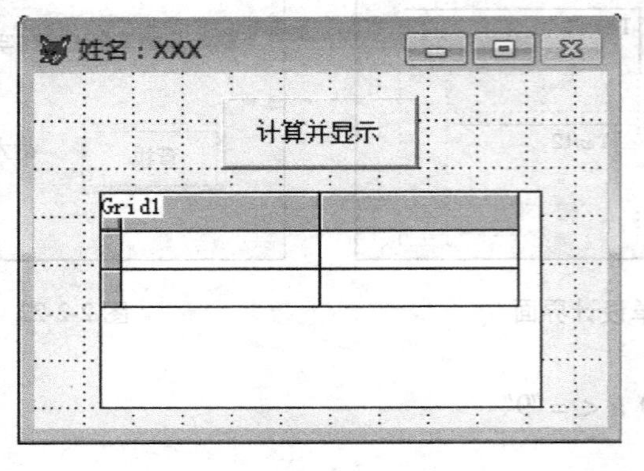

图 2-2-25　表单设计界面

(2)设计如图 2-2-26 所示的表单，文件名为：Form42. scx，表单的标题为自己的姓名。组合框与 Kh. dbf 表的联系人姓名字段绑定。表单运行后，在组合框中选择一个联系人，在编辑框中显示该联系人的客户编号、订单号、订单金额，如图 2-2-27 所示。

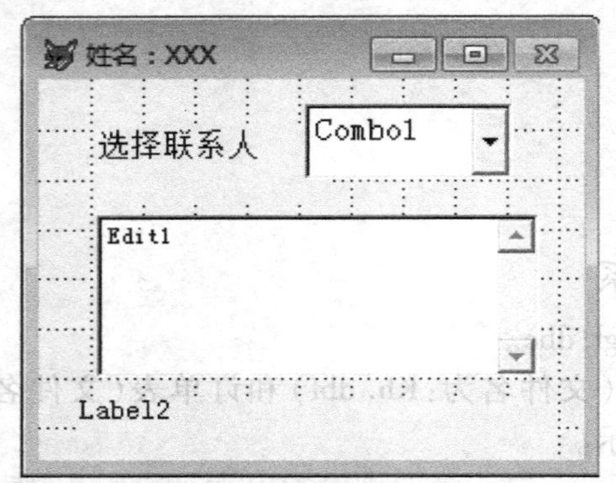

图 2-2-26　表单设计界面

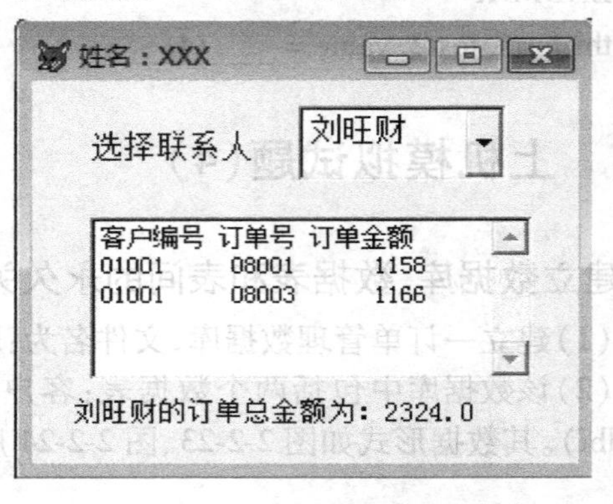

图 2-2-27　表单运行界面

三、表单设计

设计如图 2-2-28 所示的表单，文件名为：Form43. scx，表单的标题为自己的姓名。运行表单后，在文本框 Text1 中输入一串 ASCII 字符。单击“统计”按钮后，在 Text2 中输出该字符串中数字的平均值，结果保留两位小数，如图 2-2-29 所示。

在“统计”按钮的“Click”事件中完善如下代码：

```
x = alltrim(thisform. text1. value)
s = 0
____①____
FOR i = 1 to ____②____
  c = substr(x,i,1)
  IF asc(c) > = asc("0") and asc(c) < = asc("9")
    s = s + ____③____
```

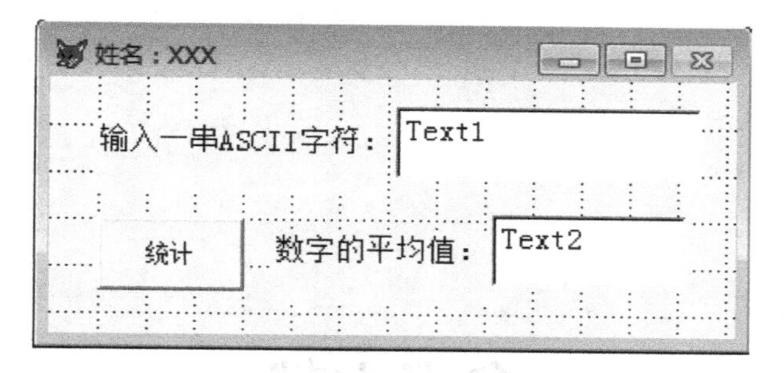

图 2-2-28　表单设计界面

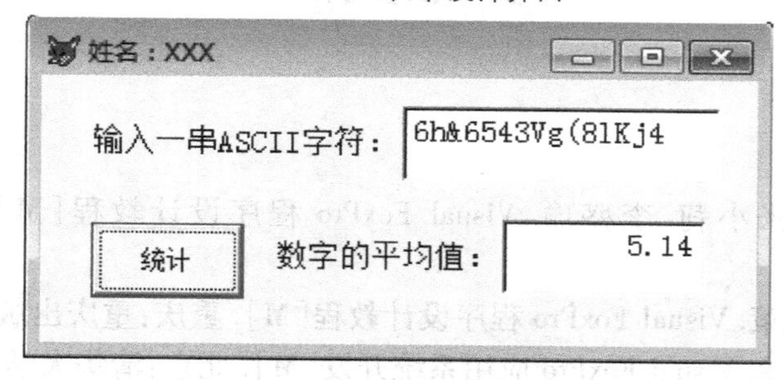

图 2-2-29　表单运行界面

```
        n = n + 1
        ENDIF
ENDFOR
IF n = 0
    thisform. text2. value = 0
ELSE
    thisform. text2. value = ____④____
ENDIF
```

参考文献

[1] 邹显春,张小莉,李盛瑜. Visual FoxPro 程序设计教程[M]. 重庆:重庆出版社,2011.
[2] 邹显春,陈策. Visual FoxPro 程序设计教程[M]. 重庆:重庆出版社,2006.
[3] 杨绍增. 中文 Visual FoxPro 应用系统开发[M]. 北京:清华大学出版社,2006.
[4] 应宏,邹显春. Visual FoxPro 程序设计实践教程[M]. 重庆:重庆出版社,2006.
[5] 余文芳. Visual FoxPro 面向对象程序设计教程[M]. 北京:人民邮电出版社,2004.
[6] 赵忠效. 数据库原理及 Visual FoxPro 应用[M]. 北京:高等教育出版社,2004.
[7] 重庆市计算机等级考试系列教材编审委员会,Visual FoxPro 程序设计[M]. 2 版. 北京:中国铁道出版社,2012.